주방에서 배우는
맛있는 과학

CULINARY REACTIONS: The Everyday Chemistry of Cooking Copyright © 2012 by Simon Quellen Field
All rights reserved including the right of reproduction in whole or in part in any form.This edition published by arrangement with Susan Schulman A Literary Agency, New York through Danny Hong Agency.

이책의 한국어 판 저작권은 대니홍 에이전시를 통한 저작권사와의 독점 계약으로 터닝포인트에 있습니다.
저작권법에 의해 한국내에서 보호를 받는 저작물이므로 무단전재와 복제를 금합니다.

주방에서 배우는
맛있는 과학

2021년 10월 1일 초판 1쇄 인쇄
2021년 10월 8일 초판 1쇄 발행

지은이 사이몬 퀠런 필드
옮긴이 윤현정
펴낸이 정상석
책임편집 엄진영
디자인 양은정
펴낸곳 터닝포인트(www.diytp.com) 등록번호 제2005-000285호
주소 (03991) 서울시 마포구 동교로 27길 53 지남빌딩 308호 전화 (02) 332-7646
팩스 (02) 3142-7646
ISBN 979-11-6134-103-3(13590)
정가 16,000원

내용 및 집필 문의 diamat@naver.com

주방에서 배우는
맛있는 과학

지은이 사이몬 퀠런 필드 **옮긴이** 윤현정

터닝포인트

prologue

집에서 요리하는 세상 모든 엄마는 화학자다. 엄마들은 주방에서 산과 염기, 유화성, 현탁액, 젤, 거품(폼) 등을 실험한다. 또 단백질 변성, 화합물의 결정화, 효소와 기질의 반응, 해로운 미생물의 억제 및 이로운 미생물을 배양하기도 한다. 다시 말해 엄마는 여러분이 먹는 음식을 요리한다.

요리는 종종 여러 재료를 조합해 완전히 다른 새로운 것을 만드는 것이다. 원하는 결과를 위해 재료에 화학적, 물리적 변화를 준다. 이 책은 그런 변화에 관한 책이다. 이를 이해하면 더 나은 요리사가 되는 데 도움이 될 수 있지만, 필자의 더 큰 목표는 즐겁게 요리하는 것이다.

주방은 맛있는 과학을 배울 수 있는 공간이다.

요리를 다른 각도에서 살펴본다면 새로운 깨달음을 얻고 좀 더 흥미를 느낄 수 있다. 좋아하는 음식 중에 거품을 만들어 완성되는 건 몇 개인가? 빵, 케이크, 휘핑크림, 마시멜로, 아이스크림, 머랭 등은 거품을 만드는 단계를 거치지 않으면 우리가 아는 모습과 다를 것이다. 어떤 음식은 거품이 생기고 어떤 음식은 거품이 생기지 않는 이유는 무엇일까? 거품을 가열하면 어떻게 될까? 끈적하고 묽은 반죽이 샌드위치의 구조물이 되어 하나로 묶는 역할을 하는 빵에서 실제로 무슨 일이 일어나고 있나?

조리법을 변경할 때도 조리과정을 아는 것이 도움이 된다. 더 단단한 쿠키 또는 더 부드러운 쿠키를 만들고 싶을 때 어떻게 해야 할까? 퍼지 대신 딱딱한 돌덩이가 팬 위에 있다면, 무엇이 잘못된 것일까? 건강에 좋지 않거나 알레르기가 있는 성분을 사용하고 싶지 않다면 어떤 재료로 대체해야 할까? 어떻게 바꿔서 요리해야 할까?

얼마 전 노벨상 수상자들과 다른 과학 대회의 뛰어난 과학자들을 위해 많은 양의 아이스크림을 만들었다. 160리터의 액체 질소를 담은 듀어 플라스크(Dewar flask)를 가져와 아이스크림을 만들었다. -321℉(-196℃)에서 액체는 재료를 빠르게 적절한 온도로 냉각시켰다. 그러나 동시에 질소는 격렬하게 끓어서 질소 가스(기본적으로 산소가 없는 공기) 거품을 만들어 아이스크림을 휘핑했다. 바위처럼 단단한 덩어리가 있는 아이스크림 대신 소프트 아이스크림에 가까운 아이스크림이 되었다. 얼음 결정이 너무 작아져 마치 크림으로 착각할 정도였다.

이 책에서 이런 실험 정신을 계속 볼 수 있다. 이 책과 함께 즐거운 시간을 보내면서 음식을 가지고 놀아보자.

contents

1 부피와 무게의 계량 Measuring and Weighing

2 폼 Foams

3 유화 Emulsions

4 콜로이드, 젤, 현탁액 Colloids, Gels, and Suspensions

5 기름과 지방 Oils and Fats

9 생물학 Biology

10 레시피 양 조정 Scaling Recipes Up and Down

11 열 Heating

12 산과 염기 Acids and Bases

13 산화 환원 Ocidation and Reduction

14 가열, 냉동, 압력 Boiling, Freezing and Pressure

1

부피와 무게의 계량

Measuring and Weighing

과학, 특히 화학에서는 재현 가능한 결과를 위해 정확한 계량이 중요하다. 누군가가 당신의 결과물을 재현할 수 없다면 그 실험은 별 의미가 없다.

최고의 요리를 재현하기 위해서는 레시피대로 신중하게 무게와 부피를 계량하는 것이 중요하다. 하지만 식사를 준비할 때 왜 그 재료들이 사용되는지, 왜 특정한 과정을 거쳐야 하는지를 아는 것이 더 중요하다. 그 지식을 바탕으로 음식을 즉석에서 만들고 조정할 수 있으며 당장 없는 재료를 다른 재료로 대체하거나 냉장고에서 상해가고 있는 재료를 버리지 않고 다 쓸 수 있다.

레시피 조정

레시피를 아래 표처럼 비교해보면 계량이 얼마나 중요한지 알 수 있다. 수제 컵케이크의 10가지 레시피의 밀가루와 설탕의 비율을 비교해 보자.

	밀가루	설탕	비율
	1.5	1	150.00%
	2.75	1.5	183.33%
	2	1.5	133.33%
	1.5	1	150.00%
	2	2	100.00%
	3	2	150.00%
	2	2	100.00%
	2.5	1	250.00%
	3	2	150.00%
	2.5	2	125.00%
평균			149.17%
표준 편차			43.47%

보통 컵케이크의 설탕과 밀가루의 비율은 1:1.5이다. 그러나 일부 컵케이크는 동일한 양이거나, 설탕보다 밀가루가 2.5배 더 많다. 표준편차가 크다는 것은 간단한 컵케이크 레시피들도 많은 차이가 있다는 것을 의미한다. 능력 있는 요리사는 레시피의 설탕 양을 자유롭게 조절하여 맛을 내고, 아이싱이나 과일 등으로 단맛을 보완할 수 있다.

밀가루를 체로 치는 이유는?

일부 레시피는 부피 대신 무게로 표기한다. 변함없는 결과를 중요시하는 요리사들은 무게로 계량한다. 일관성 있는 결과가 중요한 경우에는 반드시 신중하게 계량해야 한다. 하지만 약간의 변형이 필요하거나 창의적인 요소를 더하는 등의 여러 이유로 레시피의 일부를 바꿀 때 판단력과 지식이 더 중요하다.

한때 밀가루를 체로 걸러내는 조리법이 있었다. 밀가루 내의 뭉친 덩어리, 맷돌 조각, 곤충들이 들어 있어 체에 거르는 작업은 중요했다. 밀가루를 체에 거르는 다른 이유는 밀가루에 공기를 넣거나 다른 마른 재료와 잘 섞이게 하기 위함이지만 거품기를 사용하면 이러한 작업은 간단히 해결된다. 이 둘 중 하나가 주된 이유라면 번거롭게 체 치는 작업은 의미가 없을 것이다.

그럼 왜 체를 칠까? 재료의 무게를 재지 않고 밀가루의 부피로 계량할 때 체를 친 밀가루와 체를 치지 않은 밀가루는 부피의 차이가 크다. 이러한 지식이 있는 요리사는 밀가루를 조금 덜 사용하고 체를 치는 시간과 체 친 후 주변을 정리하는 시간을 아낄 수 있다.

모든 재료의 무게는 다 표기하고 달걀만 무게가 아닌 달걀 3개라고 표기한 레시피도 흥미롭다. 달걀은 무게가 다양하지만 대부분의 조리법은 달걀의 크기를 소, 중, 대, 특대라고 별도로 명시하지 않는다. 음식을 조리할 때 달걀의 크기가 미치는 영향이 그다지 크지 않기 때문에 어떤 달걀을 쓰더라도 그 결과는 잘 나올 것이다. 레시피를 만드는 사람은 신뢰할 수 있는 조리법을 만들고자 하며 조리법은 여러 변형의 여지가 있다. 하지만 정작 먹는 사람들은 그 결과를 중요하게 생각하지 않는다.

최고의 레시피는 음식을 만드는 과정에서 무엇을 확인해야 할지 알려준다. 얼마나 구워야 하는지 정확한 시간을 알려주는 대신, 이쑤시개 또는 손가락으로 눌러서 케이크의 굽기 정도를 확인하는 법을 알려준다. 사탕을 만들 때, 설탕과 물의 양은 별로 중요하지 않다. 설탕과 물의 혼합물이 특정 온도에 이르거나 단단하게 굳을 수 있을 때까지 조리하면 되기 때문이다. 설탕과 물의 정확한 양보다 중요한 것은 모두 제대로 조리됐다는 것을 알 수 있는 방법이다.

밀도와 좋은 달걀

와인이나 맥주 제조 시, 물속에 약간의 비늘(비중계)을 띄워 측정하면 혼합물의 밀도에 얼마나 많은 설탕, 알코올, 물이 혼합되어 있는지 알 수 있다. 밀도 테스트를 통해 달걀이 얼마나 신선한지도 알 수 있다. 달걀을 물에 넣고 달걀이 뜰 때까지 계량한 소금을 넣어 녹여보자. 상한 달걀은 바로 물 위에 뜰 것이다.

파티에서 얼음물에 담긴 일부 탄산음료 캔이 떠 있는 반면, 일부 캔들은 가라앉아 있는 것을 본 적이 있을 것이다. 이러한 현상은 밀도에 의한 것으로 설탕이 들어 있는 음료는 바닥에 가라앉고 다이어트 탄산음료는 위에 떠 있다. 흥미로운 실험을 해보자. 다이어트 탄산음료 캔을 물을 담은 큰 유리그릇에 띄워 놓고, 그 위에 작은 플라스틱 컵을 올려놓는다. 캔이 가라앉을 때까지 천천히 설탕을 채워 넣는다. 캔을 가라앉히기 위해 얼마나 많은 설탕이 필요한지 알게 되면 놀랄지도 모른다. 눈에 보이는 설탕의 양은 캔을 가라앉힐 정도의 양이지만, 실제로는 아마 더 많이 들어 있을 수도 있다.

삶은 달걀을 만들 때도 밀도가 중요하다. 달걀의 노른자는 지방과 기름을 함유하고 있어서 달걀흰자보다 밀도가 낮다. 달걀을 삶을 때 그냥 두면 노른자가 흰자위로 떠서 노른자가 중심에서 벗어나, 반으로 잘라 사용하는 데블 에그나 샐러드용 달걀 슬라이스용으로 적합하지 않을 수 있다. 노른자를 중앙에 오게 하려면 삶는 동안 달걀을 자주 돌려서 노른자가 껍질 쪽에서 떨어지도록 해야 한다. (끓는 물에 가까운 곳에 위치한) 겉에 있는 달걀흰자가 먼저 익기 때문에 자주 돌려주면 단단해진 흰자 덕분에 노른자가 중앙에 자리 잡게 된다.

칼로리 추정

일부 레시피는 칼로리를 계산하기 쉽다. 모든 요리사가 주방 저울을 갖고 있지 않기 때문에, (특히 미국에서) 대부분은 쉬운 부피 계량을 사용한다. 하지만 부피 계량을 사용하는 조리법으로는 여러분들이 신경 쓰는 칼로리 등을 집에서 계산하기는 어려울 듯하다.

하지만, 조금만 생각해보면 칼로리를 계산하는 것은 그렇게 어렵지 않다. 일반적으로 단백질과 탄수화물은 그램당 약 4칼로리이고, 지방은 약 9칼로리다. 지방과 지방이 아닌 것으로 재료를 분리하고 중량을 재고 곱셈을 하면 된다. 또는 레시피에서 지방이 차지하는 비율을 가늠하고 추정치에 해당하는 4에서 9 사이의 숫자를 선택해도 된다. 수분 함량을 약간 조절하면 좀 더 정확한 음식 칼로리를 추측할 수 있다.

호스티스 트윙키(Hostess Twinkie, 역자- 제품 이름)의 표기 사항을 살펴보면 지방 4.5g(40.5kcal)과 탄수화물 27g(108kcal)으로 총 148.5kcal라고 표기되어 있다. 트윙키 하나의 무게는 43g이고, 표기 사항에는 150kcal로 표기되어 있으므로 1g당 3.5kcal이다.

우리가 즐겨 먹는 제품을 살펴보자.

- 육포 : 28g, 116kcal / 1g당 4kcal
- 돼지고기 소시지 : 28g, 95kcal / 1g당 3.4kcal
- 에어팝 팝콘 : 8g, 31kcal / 1g당 3.8kcal
- 버터 : 10g, 70kcal / 1g당 7kcal
- 베이컨 : 12g, 50kcal / 1g당 4kcal
- 버터크림 프로스팅 : 26g, 100kcal / 1g당 3.8kcal
- 강화 밀가루 : 125g, 455kcal / 1g당 3.6kcal
- 통밀빵 : 28g, 70kcal / 1g당 2.5kcal
- 스테이크 : 1g당 2kcal

위의 예시에서 볼 수 있듯이, 버터 외의 대부분의 가공식품은 그램당 3½-4kcal이며, 정제당과 거의 비슷한 수치다.

셀러리 1g당 0.16kcal, 사과 1g당 0.5kcal, 당근 1g당 0.4kcal다. 이 음식들은 대부분 수분으로 구성되어 있다. 만약 칼로리를 신경 쓰고 있다면 과일과 채소를 먹길 바란다.

스테이크, 닭고기, 돼지고기는 그램당 칼로리가 팝콘이나 빵보다는 적다. 그러나 음식 무게를 적용하여 스테이크의 그램당 칼로리의 2배수 안에서 계산하면 파운드당 1,300kcal에서 1,800kcal임을 알 수 있다.

음식을 전부 접시에 담고 중량을 재어 본다. 만약 내일 아침 체중계의 숫자가 마음에 들지 않을 것 같다면 오늘 접시에 음식을 조금 덜 담길 바란다.

물론 체중을 조절하기 위해 칼로리를 계산하는 것은 단순히 섭취하는 칼로리와 몸에서 소모하는 칼로리의 균형을 맞추는 문제라고 가정해보자. 여러분의 몸은 이미 균형을 잡기 위한 메커니즘을 가지고 있다. 굶는다면 몸은 자연스레 많은 칼로리를 소모하는 것을 멈춘다. 반대로 너무 많이 먹게 되면 더 많은 칼로리를 소모하게 된다. 이는 우리 몸에 있는 호르몬에 의해 조절되며 이에 관여하는 주요 호르몬은 인슐린이다.

인슐린은 지방 세포가 혈액에서 당분을 섭취하도록 도와준다. 혈액에 당이 너무 많으면 이를 제거하기 위해 여분의 인슐린이 생성되어 별도의 지방이 저장된다. 인슐린 지수가 높은 식품(다른 식품보다 더 많은 인슐린을 생성하도록 하는 식품)은 칼로리의 섭취량과 소모량을 조절하는 균형을 깨뜨린다. 저탄수화물 다이어트는 과잉 인슐린이 생성되는 것을 방지해 여분의 지방이 저장되는 것을 막는다. 이런 다이어트가 체중 조절에 효과적인 것으로 보이는 이유다.

유전, 환경, 감염이나 질병 등 우리 몸에서 지방 생산을 조절하는 균형에 영향을 미치는 여러 복잡한 상호작용이 있다. 개인을 위한 효과적인 체중 조절을 계획하는 것은 각 개인의 훈련이 될 것이고, 하나의 다이어트 계획이 모든 사람에게 효과가 있지 않을 것이다. 하지만 단순히 칼로리를 줄이거나 운동을 더 많이 하는 것이 전부가 아니라는 것을 이해하는 것이 중요하다.

2

폼

Foams

폼은 흥미로운 소재이다. 마시멜로, 머랭, 케이크, 휘핑한 생크림, 쿠키, 아이스크림은 모두 폼의 한 형태다. 폼은 여러 과정을 거쳐서 형성된다. 생크림, 달걀흰자 등의 여러 가지 폼의 제조 과정에서 물과 공기 사이의 접점에서 재미있는 일이 벌어진다. 달걀흰자와 생크림의 폼에서 단백질이 먼저 변성되면서 폼이 만들어진다. 거품을 뜻하는 폼이라는 말에서 알 수 있듯이, 자연 상태에서 변성되는 것을 의미한다.

단백질은 아미노산이라는 구성단위로 구성된다. 이 구성단위 중 일부는 물을 좋아하고 기름과 지방은 피한다. 나머지 구성단위는 반대로 기름과 지방을 좋아하고 물을 피한다. 자연 상태에서 단백질, 물을 좋아하는 부분은 물과 가까운 단백질의 겉면에, 기름을 좋아하는 부분은 물에서 거리를 두고 안쪽에 위치한다.

단백질은 아미노산 사슬과 가닥으로 이루어진 거대 분자로 모두 생리작용에 중요한 모양으로 뒤엉켜 있다. 크림이나 달걀흰자를 거품기로 세게 저으면, 단백질은 접은 색종이가 펴지듯이 조심스럽게 펼쳐진다.

단백질이 펼쳐지면서, 크림의 기름과 지방이 공기와 닿게 된다. 단백질의 친수성 부분은 계속 물속에 남아 있고, 소수성 부분이 펼쳐지면서 물을 피해 공기와 크림 속의 기름과 지방과 결합한다. 거품기로 저을수록 기포는 점점 작아져 단백질 막에 둘러싸여 물과 맞닿게 된다. 이 단백질은 막을 형성하여 기포의 모양을 유지하고 다시 합쳐지는 것을 막는다.

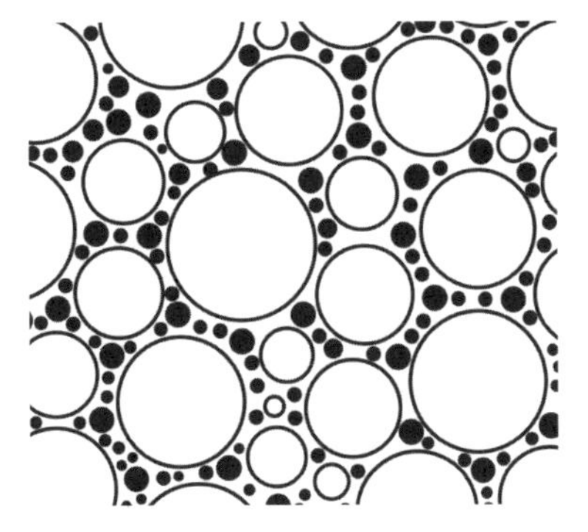

달걀흰자의 기포는 단백질 막으로 형성된다. 친수성 아미노산은 물과 결합하고, 소수성 아미노산은 폼 안쪽에 위치한다.

생크림의 기포도 단백질 막으로 형성된다. 소수성 아미노산에 붙어 있는 작은 지방구에 둘러싸여 있으며, 다른 기포의 막을 형성하는 또 다른 단백질 막과 연결된다. 기포와 지방구 사이의 물속에 친수성 아미노산이 퍼져있다.

달걀 폼

달걀흰자는 단백질 결합체의 수를 늘려 보다 안정적인 폼을 만들 수 있다. 구리 그릇에 달걀흰자를 넣고 거품을 내면 흰자 내의 황을 함유하고

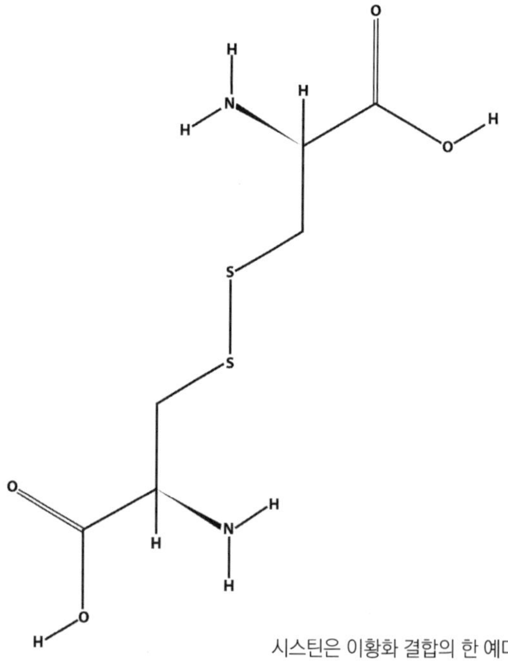

시스틴은 이황화 결합의 한 예다.

있는 아미노산이 황 원자와 서로 결합하게 된다. 이렇게 두 개의 황 원자가 만나면 이황화 결합(disulfide bridge)이 일어나며, 이는 단백질의 변형을 유지시키는 매우 강한 화학적 결합이다.

레몬주스나 타르타르크림 같은 산을 첨가하면 단백질 결합이 잘 되고 안정된 폼을 만들 수 있다. 산은 단백질 구조를 느슨하게 해 풀어진 단백질끼리 잘 뭉치고 결합할 수 있게 만들기 때문이다.

지방 폼

생크림을 휘핑하면 기포가 생기지만, 우유는 휘핑해도 (증기로 가열하지 않는 한) 거품이 생기지 않는다는 것을 알고 있을 것이다. 그 이유는 우유와 크림에 들어 있는 단백질과 유지방의 특성 때문이다. 좀 더 자세히 설명하면 물의 양 대비 고체 지방의 양 때문이다.

화학시간 : 화학구조식 읽는 방법

화학자들은 분자의 모양을 보여주기 위해 몇 가지 단순화된 규칙을 사용한다. 탄소 원자는 흔하기 때문에 'C'라고 표기하지 않는다. 대신 두 줄이 맞닿는 모든 수식에 있다고 가정한다. 탄소와 결합한 수소도 매우 흔한 분자이고 탄소는 항상 4개의 결합을 가지고 있기 때문에, 수소는 4개 이하의 선이 결합되는 구조식에서 수소가 탄소의 나머지 결합을 채우는 것으로 간주하며, 별도로 표기하지 않는다. 만약 선이 진한 쐐기 모양일 경우, 분자의 일부가 앞으로 향해 나와 있다는 의미이다. 쐐기의 색이 옅으면, 뒤쪽으로 들어가 있다는 의미이다. 두 줄은 이중 결합이며, 세 줄은 삼중 결합을 뜻한다.

유지방은 90℉(32℃) 이상에서 액체 상태가 되지만 차게 하면 고체 상태로 굳게 된다. 그래서 버터가 입 안에서 녹는 것이다. 크림을 휘핑할 때에는 차갑고 단단한 유지방이 필요하다. 휘핑을 하면 기포가 만들어지고 단백질이 변성되어 일부는 물에 남아 있고 일부는 지방에 남아 있다. 결국 고체 지방과 단백질로 된 막이 형성되어 기포를 가두어 물속에 기포들이 생기게 된다.

크림을 너무 많이 저으면 지방과 단백질 막 안에 갇혀 있던 공기가 빠져나가게 된다. 이렇게 만들어지는 것이 버터다. 크림은 작은 지방이 물속에 있었던 것이라면, 버터는 고체 지방 사이에 작은 물방울들이 있는 것이다. 크림은 액체이고 버터는 고체이지만 둘 다 같은 재료로 만들어진다.

휘핑한 크림을 안정적으로 유지하려면 지방이 단단해지도록 충분히 낮은 온도를 유지해야 한다. 젤라틴이나 식물성 검(gum) 등의 단백질을 더 추가해서 안정화할 수도 있다. 이러한 안정제는 단백질을 서로 연결하고 지방을 고정하는 데 도움이 된다.

크림의 지방함량이 30% 미만이면 휘핑이 잘되지 않는다. 대부분의 휘핑크림은 36% 이상의 지방을 함유하고 있다. 저지방 휘핑크림은 안정제가 필요하다. 셀룰로오스 기반의 하이드로콜로이드(hydrocolloids) 또는 식용 검(gum)이 가장 많이 쓰인다.

크림은 계속 저을수록 점점 단단해진다. 크림이 버터가 되기 시작할 때 최고로 단단해지며, 외관은 약간 노란빛을 띠며 부피는 조금 줄어든다. 버터가 되는 과정에서 유지방이 점점 더 큰 입자를 형성하면서 단단해진다.

케이크 아이싱이나 크림 파이에 얹을 장미꽃 같은 장식용 휘핑크림을 만들 때는 단단한 크림이 좋다. 딸기 쇼트 케이크나 다른 디저트용으로 잘 펴 발라지는 크림을 만들 때는 크림의 부피가 최대가 되면 젓는 것을 멈추면 된다.

우유로 폼을 만들고 싶다면 카푸치노 기계처럼 증기를 사용해야 한다. 증기는 단백질을 변성시키고 연결하며 공기를 기포 안에 담는다. 증기가 식으면 다시 물이 되고, 폼은 수증기가 아닌 공기로 가득 찬다.

글루텐 폼

밀가루는 글루텐이란 단백질을 함유하고 있다. 글루텐은 물을 첨가하여 전구 단백질과 반응할 때 형성된다. 글루텐은 끈적하며 반죽을 만드는 과정에서 글루텐 조각들이 서로 달라붙어 고무 같은 망상구조를 형성한다.

반죽을 섞거나 포개는 과정을 통해 단백질 시트에 공기를 넣어 작은 기포를 형성한다. 이스트 또는 기타 효모는 가스를 만들어 기포를 팽창시킨다. 반죽을 가열하면 단백질에 더 큰 변화가 생겨 고체로 변하게 된다.

빵 레시피

기본 빵은 상당히 간단하다. 밀가루, 물, 이스트가 기본 재료이며 설탕이나 꿀, 소금, 기름, 버터 또는 기타 지방을 필요에 따라 넣을 수 있다.

각각의 재료의 역할은 무엇이며 어느 정도의 양이 필요할까? 밀가루는 글루텐 전구체, 전분, 풍미 등 빵의 대부분을 제공한다. 물은 글루텐을 만들고 이스트가 증식하고 이산화탄소를 생성하는 데 필요하다. 이스트는 이산화탄소를 만들어 부드러운 빵으로 만든다.

그 외의 재료는 선택 사항이다. 소금은 맛을 좋게 할 뿐 아니라, 이스트의 발효 속도를 늦춘다(대부분의 빵에는 소금을 많이 넣지 않는다). 글루텐이 형성되기 전에 이스트가 가스를 많이 생성하면, 기포가 터지면서 가스가 빠져나간다. 그러나 대부분의 빵은 소금을 생략한다. 가스의 일부는 빠져나가지만, 보통 빵의 두 배 크기로 발효시킨다. 결국 소금이 있든 없든 발효는 진행된다.

설탕이나 꿀은 이스트를 늘리는 용도로 첨가된다. 설탕이 없어도 밀가루에서도 충분한 영양분을 얻는다. (소금을 추가해보았듯이) 첨가하면 좋으나, 첨가하지 않으면 조금 느리게 발효가 진행될 뿐이다. 그러나 빵을 많이 만들 때 소량의 이스트만 있는 경우, 설탕물을 소량 첨가해 필요한 이스트를 늘릴 수 있다. 일반적으로 첨가되는 설탕이나 꿀의 양은 너무 적어서 맛에 크게 영향을 주지 않는다.

기름, 버터, 마가린, 쇼트닝, 라드 등의 지방은 글루텐 섬유의 망상구조 형성을 방해한다. 영어로 짧게 하다는 의미의 'shortens'처럼 글루텐의 섬유 망상구조를 짧게 만들어 쇼트닝(shortening)이란 이름이 지어졌다. 지방을 추가하면 빵보다 케이크에 더 가까운 질감이 된다. 반죽이 팬이나 손가락, 도마 등에 붙지 않도록 반죽 겉면에 기름을 바르기도 한다. 일부는 빵이 마르고 단단해지지 않도록 구운 빵 위에 녹인 버터를 바른다. 이런 용도로 사용된 버터는 반죽이나 구운 빵 내부에 영향을 미치지 않는다.

강력분은 많은 글루텐을 함유한 밀을 가공한 밀가루이고 박력분은 글루텐이 적게 들어간 밀가루이다. 중력분은 중간 정도의 글루텐이 함유된 밀가루이다. 중력분으로 빵반죽을 만들 때 보통 지방을 많이 넣지 않지만, 지방을 첨가하면 케이크에 가까운 질감이 된다.

다음 페이지의 표에 다양한 출처에서 모은 10개의 기본 빵 레시피를 정리했다. 기본 빵 레시피가 얼마나 다양한지 쉽게 확인할 수 있도록 재료의 양을 백분율로 변환했다. 레시피는 다르지만 유사한 결과의 빵을 만들 수 있다. 표의 마지막 줄은 평균 레시피다.

2작은술이 약 1%라고 가정하고 숫자를 반올림하는 조건으로 빵 한 개의 평균 레시피를 변환하면 다음과 같다.

- 밀가루 : 144작은술 (3컵)
- 물 : 56작은술 (1⅛컵)
- 설탕 : 1작은술
- 소금 : ½작은술
- 이스트 : ⅔작은술
- 녹인 버터 : 1작은술

구운 빵 위에 바를 버터를 조금 남기고, 모든 재료를 볼에 넣고 잘 섞는다.

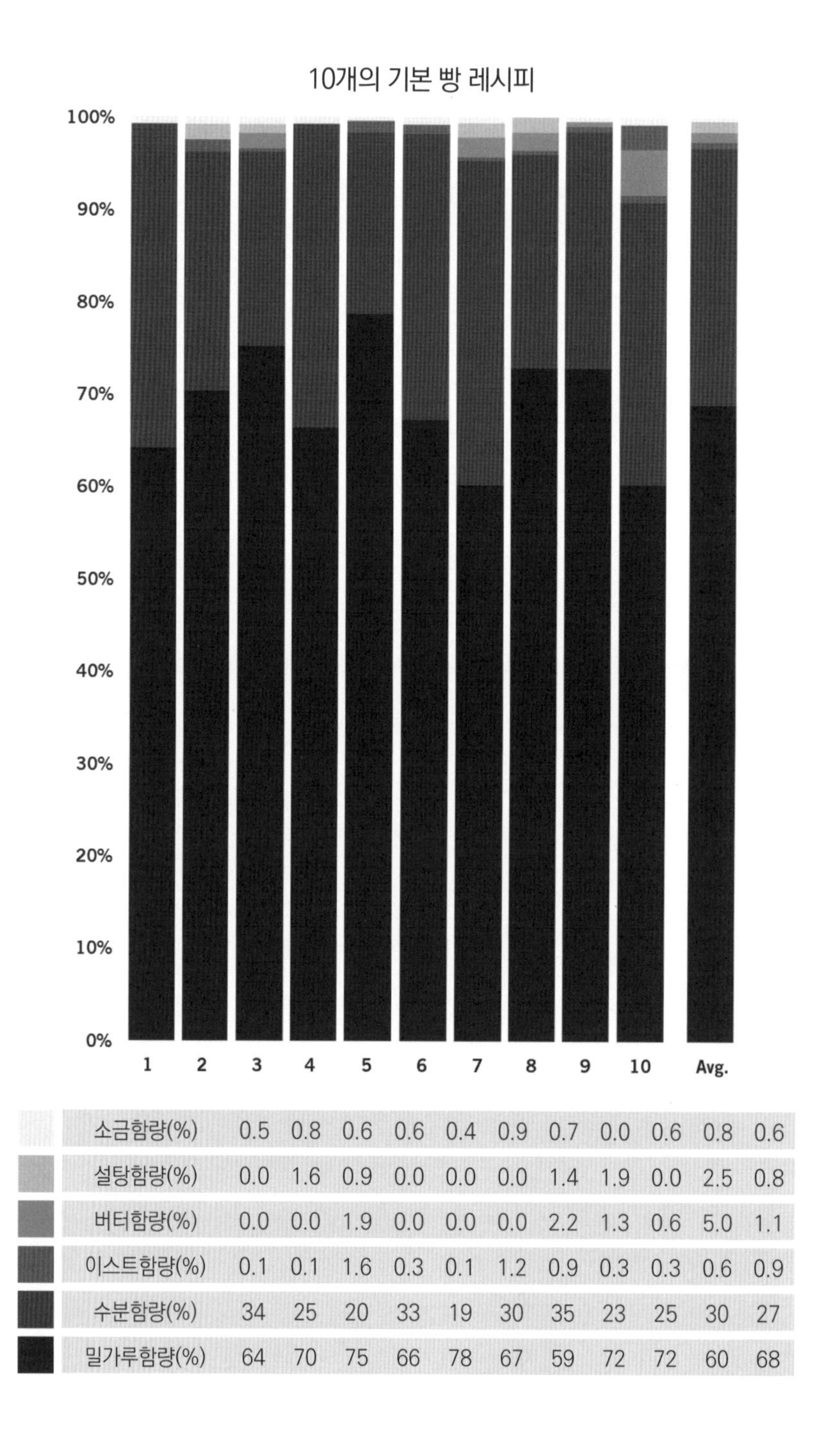

	1	2	3	4	5	6	7	8	9	10	Avg.
소금함량(%)	0.5	0.8	0.6	0.6	0.4	0.9	0.7	0.0	0.6	0.8	0.6
설탕함량(%)	0.0	1.6	0.9	0.0	0.0	0.0	1.4	1.9	0.0	2.5	0.8
버터함량(%)	0.0	0.0	1.9	0.0	0.0	0.0	2.2	1.3	0.6	5.0	1.1
이스트함량(%)	0.1	0.1	1.6	0.3	0.1	1.2	0.9	0.3	0.3	0.6	0.9
수분함량(%)	34	25	20	33	19	30	35	23	25	30	27
밀가루함량(%)	64	70	75	66	78	67	59	72	72	60	68

다음은 글루텐 생성을 도울 차례다. 일부 레시피는 반죽 과정을 생략하는데, 여기서 소개하는 레시피는 반죽을 그대로 두기만 하면 된다. 볼에 반죽을 넣고 젖은 수건으로 덮어 글루텐이 잘 생성되도록 밤새 그대로 둔다.

대부분의 레시피는 만든 날 바로 빵을 먹는다고 가정한다. 고무 같은 글루텐 형성이 빨리 되게 하려면 밀가루를 바른 도마 위에 반죽을 올려 치대는 작업을 한다(도마 위 밀가루는 반죽이 도마에 붙지 않게 한다). 반죽을 접어가며 편평하게 누르는 작업을 약 8~10분간 반복한다. 필요에 따라 밀가루를 넣어 반죽이 달라붙지 않도록 한다.

이 방법은 반죽 내에 생성된 기포를 없애는 부작용이 있다. 필요한 기포를 되찾으려면 기름을 바른 볼에 반죽을 넣고 젖은 수건으로 덮어 반죽이 마르지 않게 한다.

15분간 반죽이 두 배로 부풀 때까지 기다린다. 실제 발효 시간은 중요하지 않으며, 실제로 다양한 방법으로 빵을 만들 수 있다. 반죽이 두 배로 부풀면 눌렀다가 다시 두 배로 부풀려 더 많은 글루텐을 형성하도록 하는 방법도 있다. 반죽을 다루는 방법은 밀가루에 있는 글루텐의 양과 형성하고자 하는 글루텐의 양에 따라 다르다. 그 결과 부드럽고 가벼운 케이크 같은 빵이 완성되거나, 거칠고 단단한 묵직한 빵이 완성되기도 한다.

이제 반죽을 구울 차례다. 반죽을 로프팬에 놓거나 기름을 바른 시트팬 위에 놓는다. 칼로 윗부분에 모양을 만들거나 반죽을 밧줄 모양으로 땋아도 된다. 이런 식으로 빵의 모양을 꾸밀 수 있다.

빵은 보통 400℉(204℃)이상에서 굽는다. 조리 시간은 40~50분 정도로 빵 겉면이 마음에 드는 색이 될 때까지 굽는다.

빵을 다 구우면 붓으로 녹인 버터를 바른다. 빵의 겉면이 부드러운 걸 좋아하면 비닐봉지에 넣어 식히면 된다. 건조하고 단단한 빵의 겉면을 원하면 그대로 식히면 된다.

물을 담은 팬 위에 반죽을 올려 오븐에서 구우면 빵껍질이 더 두껍고 바삭하게 만들어지며 익는 속도가 빠르다(습한 공기가 건조한 공기보다 열전도율이 높기 때문이다). 이 방법은 선택 사항이다. 증기는 처음에 차가운 반죽에 응축되어 겉면의 형성을 늦춘다. 반죽에 있는 당분 중 일부는 응축된 수분에 용해되어 갈변을 돕는다. 많은 양의 증기는 빵의 겉면을 더 두껍고, 더 빛나고 더 진한 갈색으로 만든다.

이제 각 재료의 역할 및 조리 과정에 대해 이해했으니, 계량도구를 두고 모든 작업을 눈가늠으로 할 수 있을 것이다.

밀가루를 그릇에 담는다. 이스트를 넣는다. 레시피대로 만들었을 때의 농도가 될 때까지, 물을 서서히 넣는다. 밀가루를 뿌린 도마에 반죽을 놓고 치댄다. 기름을 바른 볼에 넣고 젖은 천으로 덮은 후, 반죽이 두 배로 부풀 때까지 둔다. 시트팬에 모양을 다듬어 올려, 400℉(204℃)로 예열한 오븐에 넣어 원하는 색이 될 때까지 굽는다.

계량컵과 일정한 온도를 유지하는 오븐이 발명되기 전까지 수 세기 동안 빵을 만든 방법이다. 이스트 스타터는 보통 마지막 분량의 반죽을 소량 남긴 것을 가리킨다. '스타터'에 약간의 물과 설탕을 추가하면 다음에 만들 빵을 위한 발효제로 사용할 수 있다.

대체 팽창제

이스트는 편리한 발효팽창제(반죽에 가스 기포를 만드는 것)다. 이스트 포자는 공기 중에 떠다니며 포도와 자두같이 당이 표면에 닿을 수 있을 정도의 얇은 껍질이 있는 과일 위에 흰색 막을 형성한다. 약간의 설탕물에 포도의 흰색 막을 배양하면 와인, 맥주, 빵을 위한 이스트 스타터를 만들 수 있다.

어떤 빵들은 증기와 뜨거운 공기를 팽창제로 사용한다. 팝오버는 증기로 부풀린 빵의 한 예다. 증기 팽창제를 가장 잘 활용한 메뉴는 팝콘이다. 보통 씨앗부터 시작해서 밀을 갈아서 이스트를 첨가하고 반죽하고 굽는 과정을 거쳐 빵을 만든다. 하지만, 팝콘은 약간의 열만 있으면 된다. 밀 뻥튀기와 쌀 뻥튀기는 ('총(gun)'이라는 대형 압력솥에서) 증기압으로 가열한 다음('총 발사'라고 하는 단계) 갑자기 압력을 해제하여 만든다. 이 모든 과정은 1분 미만이면 된다(이스트에 의해 발효되거나 글루텐이 형성되기 기다리지 않아도 되기 때문에 퀵 브레드라고 한다). 보통 퀵 브레드는 베이킹소다와 버터밀크 같은 산을 넣어 이산화탄소 기포를 생성한다. 반죽 과정 및 숙성 과정이 없어 글루텐이 거의 생성되지 않으므로 묵직한 빵보다 케이크에 더 가까운 질감이다.

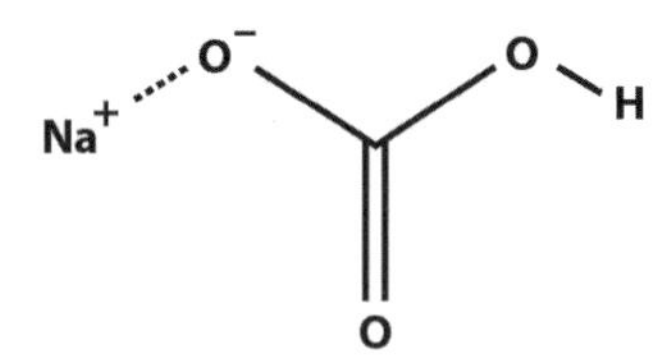

베이킹소다는 중탄산나트륨이다.

가운데에 탄소 원자를 중심으로 세 개의 산소 원자, 수소 원자, 나트륨 원자가 있다. 물에 중탄산나트륨을 첨가하면, 세 개의 이온으로 분리된다. 양전하를 띠는 나트륨 이온 Na^{+}, 음전하를 띠는 수산화물 이온 OH^{-}와 (물에 용해된 이산화탄소인) 흔히 탄산수라 부르는 탄산수이다.

식초(아세트산) 같은 산을 첨가하면 반응을 일으키는데, 산이 나트륨 및 수산화물 이온과 반응하여 아세트산나트륨과 물이 생성된다. 남는 것은 탄산이다. 탄산(탄산수)은 소다처럼 쉬익 소리도 나며, 거품이 있다.

보통 산은 베이킹소다와 반응하므로 버터밀크의 젖산, 레몬의 구연산, 식초의 아세트산도 사용 가능하다.

기포 형성은 빵에서 일어나는 것의 반 정도에 불과하다. 빵을 구울 때, 열은 가스를 팽창하게 하며 단백질과 녹말을 변성시켜 가스가 식은 후에도 기포의 모양을 유지하면서 단단한 거미줄 같은 모양으로 연결되어 있다. 빵이 서서히 식으면서 증기와 뜨거운 가스가 있던 공간을 외부의 공기로 천천히 대체한다.

덜 구워져 단백질이 아직 단단하지 않은 상태일 경우 식으면서 기포가 사그라든다. 이런 경우, 푹 가라앉은 수플레가 된다. 빵과 케이크뿐만 아니라 달걀 폼으로 만든 경우에도 완벽히 익히지 않으면 같은 현상이 일어난다.

그러나, 단백질에 의한 구조가 전부가 아니다. 굽는 동안, 폼(폐쇄 기포의 집합체)으로 시작하여 (모든 거품이 꺼져 공기와 물이 흐를 수 있는 열린 구조를 형성하는) 스펀지가 된다. 열은 단백질을 단단하게 하고 서로 결합하도록 만들 뿐 아니라, 가스를 빠르게 이동시켜 기포의 막이 깨진 곳까지 가스를 팽창시킨다. 그렇지 않으면 가스가 냉각되고 수축되면서 그 결과로 생긴 진공이 반죽 내의 기포를 깨뜨리므로, 열은 중요하다.

이해를 위해 간단한 실험을 해보자. 빈 알루미늄 캔에 약간의 물을 넣고 수증기가 가득 차서 물이 남지 않을 때까지 스토브 위에서 가열한다. 화상을 입지 않도록 헝겊이나 집게로 물을 담은 그릇 위에 알루미늄 캔을 빠르게 뒤집어 놓는다. 캔 안의 증기는 식어 응축되면서 물을 캔으로 끌어들인다. 이렇게 하면 캔이 빠르게 냉각되어 물에 캔이 들어가는 속도가 매우 빨라 캔 위에 존재하는 엄청난 공기의 무게가 알루미늄 캔이 찌그러

화학시간 : 이온 결합

이 책에는 이온 결합, 공유 결합, 수소 결합의 세 가지 유형의 화학 결합이 나온다.
이온은 하나 이상의 전자를 얻거나 잃으면서 전하를 가지는 원자이다.
이온 결합은 나트륨 같은 금속이 산소 또는 염소 같은 원자에 전자를 잃을 때 형성된다. 산소와 염소는 나트륨보다 전자 친화도가 더 높기 때문이다. 이것은 산소와 염소 원자는 음전하를 띠게 하고 나트륨 원자는 양전하를 띠게 한다.
반대 전하에 끌리기 때문에, 나트륨 원자는 전자를 가져간 원자 근처에 끌리게 되며, 이 인력을 이온 결합이라고 한다.

지는 것을 방지할 수 있다.

알루미늄 캔 내의 기포가 공기의 무게를 견딜 수 없다면 전분과 글루텐으로 만들어진 기포도 견디지 못하고 무너질 것이다. 그러나 기포들이 무너진 스펀지의 열린 구조 속으로 공기를 넣어 형태를 유지한다.

젤라틴 폼

다른 종류의 단백질로도 폼을 만들 수 있다. 단순단백질 중 하나인 젤라틴은 마시멜로를 만드는 데 사용된다.

마시멜로는 설탕 시럽을 떨어뜨렸을 때, 단단한 원형이 만들어질 때까지 조리 후(240℉, 116℃), 찬물에 불려 부드러워진 젤라틴을 넣어 섞어 만든다.

다른 단백질 폼과 마찬가지로 젤라틴은 뜨거운 시럽과 젓는 것만으로 단백질이 변성되고 서로 연결된 단단한 구조를 형성한다. 시럽은 단백질의 물을 좋아하는 부분에 끌리고, 기름을 좋아하는 부분은 기포 안에 들어가 공기를 마주하고 있다.

마시멜로 만드는 방법을 여러 단계로 나눈 이유는 다음과 같다. 첫 번째 단계는 단백질 분자의 모양을 변경하지 않기 위해 젤라틴을 찬물에 뿌려 불린다. 시럽에 넣어 저을 때만 변성되어야 한다.

다음 단계는 시럽을 만든다. 대부분의 사탕을 만드는 방법의 주요 내용은 설탕의 결정화를 조절하는 것이다. 그러나, 이 방법은 설탕의 농도를 조절하고, 시럽 내에서 빠르게 결정화가 진행되어 덩어리가 생기지 않도록 하고, 자당(포도당과 과당으로 구성된 결합당)뿐 아니라 단당을 제공함으로써 이루어진다.

단당은 자당보다 물과 더 단단히 결합하기 때문에, 쉽게 결정화되지 않는다. 설탕을 시럽으로 만드는 방법은 두 가지가 있다. 첫 번째는 단순히 단당을 추가하는 방법이다. 사탕을 만드는 방법과 동일하게 대부분 단당으로 이뤄진 옥수수 시럽을 설탕에 넣는다.

두 번째는 자당을 두 개의 단당으로 나누는 방법으로 산이 있는 상태에서 가열하면 된다. 이 원리를 이용해 타르타르 크림(주석산)을 넣어 사탕을 만들기도 한다. 타르타르 크림뿐 아니라 식초, 레몬주스, 기타 종류의 산을 넣어 만들 수 있다.

화학시간 : 공유 결합

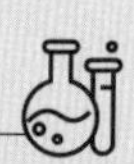

원자의 전자는 모두 같은 공간을 공유할 수 없다. 핵 근처에는 두 개의 전자를 위한 공간이 있다. 이 두 자리가 채워지면 세 번째 전자는 핵의 외각을 채우기 시작한다. 두 번째 외각은 좀 더 커서 8개의 전자를 보유할 수 있다.

수소 원자는 전자가 하나뿐이므로 다음 전자는 가장 안쪽의 껍질에 위치하게 된다. 두 개의 수소 원자가 매우 가까워지면, 각 원자가 상대 원자의 외각으로 떨어질 수 있으므로 두 개의 전자가 가장 안쪽 외각을 채워 안정된 전자구조를 형성한다.

마치 도미노처럼 연결되어, 에너지를 더해 다시 끌어내지 않는 한 결합을 유지한다. 수소 원자들이 결합하여 수소 분자를 만들고, 이를 분리할 수 있는 에너지가 더해질 때까지 서로 붙어 있다.

이런 식으로 두 원자의 전자가 공유되는 것을 공유 결합이라고 한다. 공유 결합은 전자가 채워지지 않은 외각이 있는 모든 곳에서 발생 가능하다. 탄소는 외각에 4개의 공간이 있으므로 다른 원자와 4개의 공유 결합을 형성할 수 있다. 4개의 수소 원자가 결합한 분자는 메탄 또는 CH_4라고 한다.

마시멜로의 세 번째 단계는 폼을 만드는 것이다. 일반적으로 (재료가 튀는 것을 방지하기 위해) 스탠드 믹서를 중간 속도로 작동시키고, 젤라틴 혼합물에 시럽을 서서히 넣은 다음 15분 정도 고속으로 섞으면 단백질을 변성시켜 안정적인 폼을 형성할 수 있다. 완성된 폼은 기름을 바른 팬에 넣어 반나절 정도(8~12시간) 두면 단백질 구조가 완전히 결합한다.

끈적이는 재료를 다룰 때 보통 팬에 기름을 바르거나, 유산지를 깔거나, 유산지를 깔고 기름을 바르면 좀 더 깔끔하게 처리할 수 있다. 옥수수 전분과 가루설탕을 섞어 도마에 뿌리고, 기름 바른 팬에 담아 둔 마시멜로를 한입 크기로 자른다. 자른 절단면에 충분히 전분 믹스를 뿌려준다. 칼은 사용하기 전에 식물성 기름을 발라 코팅하고, 그다음부터는 전분 믹스로 코팅하여 사용한다.

원래 마시멜로는 마시멜로 식물의 뿌리에 있는 기침을 억제하는 성분을 맛있게 만드는 방법이었다. 뿌리의 전분을 달걀흰자의 단백질과 섞은 후, 시럽을 넣고 저어 만든다. 또는 젤라틴 폼에 휘핑한 달걀흰자를 섞어 만들기도 한다.

설탕 폼

단백질 없이 폼을 만들 수도 있다. 설거지할 때 생기는 비눗방울은 물과 세제로만 만들어진다. 단백질처럼 세제의 분자는 물을 좋아하는 부분과 공기나 지방을 좋아하는 부분이 있다. 지방을 좋아하는 부분은 기름기 있는 그릇을 닦는 데 쓰이며, 물을 좋아하는 부분은 지방을 막으로 감싸서 지방이 덩어리로 뭉쳐지는 것을 방지한다. 결국 비눗방울이 터져 설거지 통에는 물만 남으므로, 비눗물은 안정된 폼의 형태는 아니다.

식었을 때 굳는 폼을 만든다면, 단백질 없이 안정적인 폼을 만들 수 있다. 허니콤이 그 예다. 시럽을 찬물에 넣었을 때, 단단하게 굳어 균열이 일어나는 단계가 되도록 설탕 시럽(자당과 단당)을 300℉(150℃)까지 조리한다. 이 단계를 하드 크랙 스테이지(hard-crack stage)라 한다. (캐러멜라이즈로) 설탕이 타서 갈색으로 변하기 직전의 단계이다. 이 시럽이 식으면 롤리팝처럼 딱딱한 사탕이 된다.

시럽을 조리할 때, 팬 옆면에 굳은 설탕 결정이 시럽에 들어가지 않도록 주의해야 한다. 이로 인해 결정화가 발생하여, 매끈한 시럽 대신 알갱이가 있는 거친 시럽이 될 수 있다.

시럽의 온도가 300℉(150℃)에 이르면 베이킹소다를 넣고 빠르게 저으면 고열로 인해 베이킹소다가 탄산나트륨과 이산화탄소 기포로 분해된다. 이 현상은 열에 의해서만 발생하며, 퀵 브레드(36쪽)처럼 산이 필요하지 않다. 시럽을 저으면 기포가 생겨 부피가 세 배로 커진다.

마지막 단계는 팬에 붙지 않도록 기름을 바르거나 유산지를 깐 후 폼을 붓는 과정이다. 혹은 유산지를 깔고 기름을 발라도 좋다.

이런 종류의 사탕은 공기 중의 수분을 쉽게 흡수하여 눅눅해져 모양이 변할 수 있으므로, 초콜릿으로 코팅하거나 밀폐 용기에 담아 보관하는 것이 좋다. 물론 바로 먹어도 좋다.

크림시클 거품 토핑 (Whipped Creamsicle Topping)

어렸을 때, 크림시클을 즐겨 먹었나요? 바닐라 아이스크림과 오렌지 팝시클을 함께 넣은 오렌지 크림소다 맛을 바 또는 아이스크림으로 즐길 수 있다! 휘핑크림 자체로도 맛있지만, 저녁 식사에 손님을 초대했을 때 평범하지 않은 메뉴가 필요할 때가 있다. 오렌지 크림시클 같은 맛의 휘핑크림은 호박파이나 아이스크림과 잘 어울린다.
휘핑크림을 평소와 조금 다르게 만들기 위해 몇 가지 재미있는 작업이 있다. 폼을 단단하고 오래 유지할 수 있도록 소량의 잔탄검(xanthan gum)을 넣을 것이다. 휘핑용 도구는 사용하기 며칠 전에 냉장고에 넣어 두면 저녁 식사 후에 손님들이 기다리지 않도록 미리 준비할 수 있다.

사진에 보이는 도구는 아마존에서 구입했다. 1컵과 1파인트 용량이 있으며, 여기 소개할 레시피는 1파인트 기준이다.

재료

- 생크림: 1파인트
- 바닐라 익스트랙트: 2작은술
- 오렌지 익스트랙트: 2작은술
- 식용색소: 적색 또는 황색(오렌지색을 낼 수 있는 색소)
- 잔탄검: $\frac{1}{4}$작은술
- 설탕: $\frac{1}{4}$컵

조리도구

- 볼(1쿼트)
- 스푼
- 디저트 휘퍼
- 휘핏

휘핑크림을 볼에 넣는다. 크림의 색이 약간 변하게 하는 바닐라와 오렌지 익스트랙트를 넣는다.

향을 넣은 다음에 식용색소를 넣어 원하는 색을 만든다. 여기서는 노란색은 빨간색의 두 배로 노란색 16방울, 빨간색 8방울을 넣었지만 필요에 따라 조정이 가능하다.

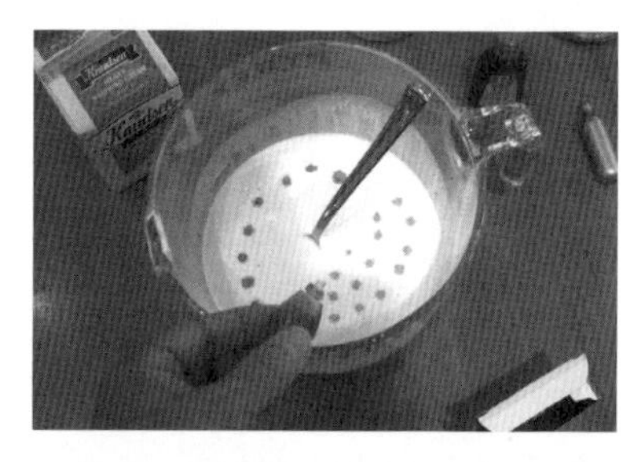

잔탄검을 설탕에 넣는다. 크림에 넣었을 때 잘 뭉쳐지지 않도록 잘 섞어 둔다.

잔탄검과 설탕을 잘 섞은 후, 크림에 넣어 섞는다. 크림에 설탕 알갱이가 보이지 않으면 디저트 휘퍼에 크림을 붓는다.

휘퍼는 아산화질소 가스로 충전된 휘핏으로 충전한다. 휘핏은 별도로 판매하므로, 디저트 휘퍼를 구입할 때 함께 구입한다. 휘핏 하나는 한 컵 분량용으로 적당하므로, 큰 디저트 휘퍼에는 2개가 필요하다. 휘핏 하나를 휘퍼에 충전하고 10~12회 흔든다. 그다음 휘핏을 제거하고 새것으로 교체한다.

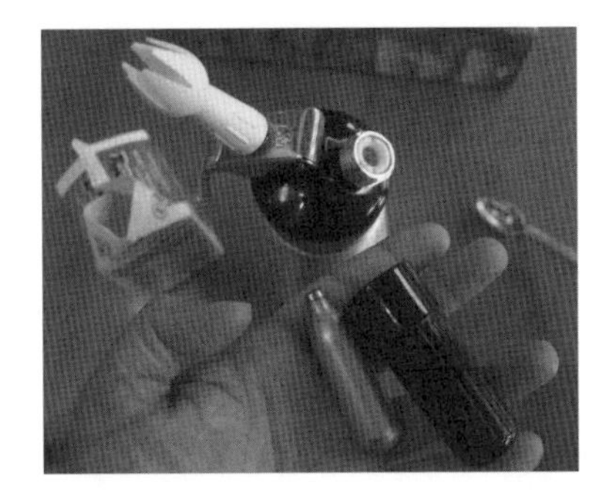

사용하기 전에 휘퍼를 냉장고에 몇 분간 두어 아산화질소가 크림에 용해되도록 둔다. 디저트 휘퍼에 담아 냉장고에 보관할 경우, 생크림 용기에 표시된 유통기한보다 1주일 더 보관할 수 있다.

잔탄검 참고 사항

이 레시피를 만들 때, 잔탄검과 크림의 비율을 여러 가지로 시도해 보았다. 그 결과, 이 레시피는 ⅛-⅜작은술 정도의 잔탄검이 적당하다. 잔탄검 1작은술을 넣었을 때, 생크림은 단단해서 젓기가 힘들었으며, 맛있는 고무 같았다. 휘퍼 안에 남은 단단한 크림을 스푼으로 직접 꺼내야 했다. 참고로, 홀푸드(Whole foods)는 잔탄검을 판매하고, 고급 식재 업장인 서 라 테이블(Sur La Table)에서는 디저트 휘퍼를 판매한다.

집에 있는 거품기나 믹서로 휘핑크림을 만든다면, 이 재미있는 장난감을 살 핑곗거리가 없어질 것이다!

아산화질소 참고 사항

휘핏은 아산화질소(N_2O)로 채워져 있다. 치과 의사가 치료를 목적으로 환자를 잠들게 할 때 사용하는 웃음 가스라 불리는 마취제다. 버터 지방에 쉽게 용해되어 휘핑크림에 사용되며, 지방이 산화되어 산패되지 않고, 이산화탄소처럼 우유 단백질을 응고시키지 않기 때문에 휘핑크림에 사용된다.

3

유화

Emulsions

기름과 물은 섞이지 않지만, 약간의 도움을 주면 유화되어 섞일 수 있다. 우유, 크림, 대부분의 샐러드드레싱과 같이 물속에 기름의 입자가 분산되어 있거나, 버터나 땅콩버터처럼 지방에 물이 분산되어 있다.

섞이지 않는 이유

기름과 물 외에도 섞이지 않는 많은 것들이 있다. 공기와 물, 공기와 기름, 모래와 물, 모래와 기름, 모래와 공기 등은 용기에 넣으면 층이 분리된다.

사물을 분리시키는 것은 분자들이 서로에게 갖는 끌림 작용과 같다. 물 분자는 공기 분자가 결합하는 것보다 더 강한 힘으로 서로 결합한다. 그래서 물 분자들은 서로 결합하여 공기와 분리된다. 물 분자 자체는 공기보다 더 가볍다(물 분자의 분자량이 18인 반면 공기는 무게 28인 질소 분자와 무게 32인 산소 분자로 이루어져 있다). 하지만 물 분자들이 서로 결합하면, 결합은 분자들을 가까이 끌어당길 만큼 강해져서, 밀도는 높아지고 비가 내리게 된다.

모래나 강철의 분자는 물보다 더 단단하게 결합하여 밀도가 높은 고체가 된다. 기름과 지방의 분자는 약하게 서로 결합한다. 기름과 지방의 분자는 부피가 크고 서로 엉켜있는 긴 사슬 형태의 원자로 물보다 밀도가 낮고 점성이 높으며, 매우 긴 사슬을 가진 지방은 고체 형태다.

유화제

폼은 공기와 물을 혼합하여 안정화한다. 같은 방법으로 기름과 물을 혼합하고 그 형태를 안정적으로 유지할 수 있다. 간단하게 물을 좋아하는 부분과 물을 좋아하지 않는 부분을 모두 가진 분자를 사용하면 된다.

단백질이 효과가 있으며, 비누와 세제 같은 작은 분자들도 효과가 있다. 비누는 기본적으로 나트륨이나 칼륨과 같은 물을 좋아하는 원소에 붙어 있는 지방이다. 비누는 설거지에 꼭 필요한 물질이지만, 대부분의 사람이 싫어하는 맛이 있으며, 고급스러운 프랑스 소스에 사용하지는 않는다.

다행히 식물과 동물은 이러한 양친매성 분자가 유용하다는 사실을 발견하고 대량으로 생산한다. 세포막은 이중 지질층으로 만들어지며, 이 층은 인지질(phospholipids)이라는 분자로 형성되어 있다. 인지질은 물을

화학시간 : 수소결합

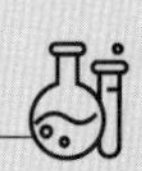

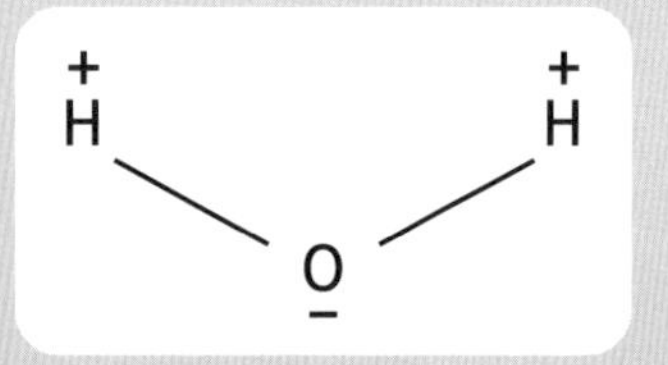

염소, 불소, 질소와 같은 일부 원소들은 전자에 강한 친화성이 있다. 이러한 원자들이 수소와 공유 결합을 할 때, 전자들은 수소 근처보다 더 무거운 원자 근처에 더 오래 머무는 것처럼 보인다. 그 결과 분자는 부분적으로 양전하를 띠고, 나머지는 음전하를 띠게 된다. 이와 같은 분자들이 모이면 음전하와 양전하가 서로에게 끌려 약한 결합이 형성된다. 이를 수소 결합이라 한다.

물은 수소보다 산소가 음전하가 강하여 수소 결합을 형성한다(산소가 음전하를 띠고 나머지 수소 원자가 양전하를 띠어 수소 결합을 형성한다). 물 분자는 전하가 다른 유사한 분자와 수소 결합을 형성할 수 있다. 양전하와 음전하를 가진 분자를 극성 분자라 한다.

좋아하는 부분과 물을 싫어하는 부분이 있다. 물(세포 내)에서 물을 좋아하는 면이 물을 향하도록 두 개의 층을 이뤄 연속으로 결합한다. 그래서 '이중층(bilayer)' 부분을 형성하게 된다.

만약 세포벽을 갈아 기름을 조금 섞으면, 기름방울 주위를 감싸는 막을 만들 수 있다. 이 막은 친수성 부분이 밖을 향하고 있어, 다른 기름방울과 섞이는 것을 막는 효과가 있다.

일반적인 인지질은 레시틴(lecithin)이다. 달걀노른자에서 발견되지만, 상업적으로 사용되는 것은 저렴한 대두에서 추출한다. 식물이든 동물이든 거의 모든 살아있는 세포에는 인지질이 있다.

요리사에게 유화에 대해 물어본다면, 마요네즈를 가장 먼저 떠올릴 것이다. 마요네즈의 경우, 달걀노른자의 레시틴과 단백질, 겨잣가루의 인지질이 유화제로 작용하여 안정화된다. 다른 유화 소스는 마늘이나 다른 식물의 인지질이 유화제로 작용한다.

검 안정제(Gum Stabilizers)

유화를 위한 다른 안정제는 식물성 검이다. 검은 물에 걸쭉한 콜로이드 현탁액을 형성하는 전분 같은 큰 분자다. 기름방울 사이에 반강체 막을 형성하여, 기름방울이 재결합하는 것을 막는 효과가 있다. 겨자와 마늘에 함유된 검은 유화를 안정화하는 데 도움이 된다.

때때로 만들기 어렵기로 유명한 고전 유화 소스에 도전하고 싶어 한다. 홀렌다이즈 소스를 만들 때, 달걀이 익어 스크램블이 되지 않도록 중탕기를 사용하는 것은 결과가 똑같이 나오더라도 이러한 편리한 방법을 부정행위로 생각할 수도 있다. 뵈르 블랑(Beurre blanc, 프랑스의 전통 소스) 조리 시, 잔탄검을 조금 넣으면 분리되지 않는 소스를 만들 수 있지만, 정통파는 그렇게 만드는 것을 용납하지 않을 것이다.

요즘의 편리함을 추구하는 실용주의 요리사는 전통적인 방법이 아닌 자신이 원하는 방법으로 홀렌다이즈 소스나 베아르네즈(bearnaise) 소스 맛을 내며 자신의 이름을 붙여 새로운 메뉴명을 자유롭게 붙인다.

편법과 보조제

전통적인 방법을 고수하여 전통 소스를 만드는 여러 레시피와 그에 대한 다양한 의견이 있다. 여기에서는 좀 더 편하게 만들 수 있는 편법을 소개하려 한다.

유화가 시작하는 것은 분명 어려운 일이다. 처음은 달걀과 겨자를 섞고, 기름을 아주 천천히 넣다가, 소량의 식초나 레몬주스를 추가한다. 유화가 시작되면, 많은 양의 기름과 식초를 한 번에 넣어도 된다. 지금까지 나는 그 누구도 시원하게 유화가 잘 되게 하는 방법을 들어본 적이 없다. 어제 먹고 남은 마요네즈에 달걀, 겨자를 섞은 다음 남은 재료를 한 번에 넣어 보길 바란다. 쉽게 홀렌다이즈 소스를 만들 수 있다.

기름과 물을 섞어 만들 경우, 잔탄검 ⅛작은술을 넣으면 거의 실패 없이 분리되지 않는 소스를 만들 수 있다.

홀렌다이즈 소스류의 소스는 달걀을 넣어 만든 유화 소스를 열을 가해야 한다. 달걀 속의 단백질은 열에 의해 변성되기 쉬우며, 투명한 달걀흰자가 하얗게 변하는 현상이 동반될 수 있다. 알 안에 조심스럽게 접혀 있는 달걀 단백질은 하나의 세포다. 열을 가하면 뭉쳐있던 단백질 내부로 물이 침투하게 되고, 기름을 좋아하는 단백질은 물과의 상호작용을 피해서로 결합하게 된다. 계속 가열하면, 단단한 고무망상구조를 형성하기 시작하여, 걸쭉한 소스가 스크램블 에그로 변하기 시작한다.

달걀은 160℉(70~77℃)에서 응고되기 시작한다. 이 온도에서는 살모넬라균과 다른 병원균의 단백질을 응고시켜 우연치 않게 균들도 죽이는 효과가 있다. 박테리아를 없애면서 달걀을 잘 익히려면 화학과 엄마의 경험을 참고하면 된다. 산을 달걀에 첨가한다.

산은 단백질이 응고되는 온도보다 더 높은 195℉(90℃) 내에서 단백질 간의 화학 결합의 일부를 방해한다. 그래서, 소스에 레몬주스나 식초를 약간 추가하고 소스를 끓는점보다 낮은 온도에서 가열하면 달걀이 익어서 뭉치는 현상을 막을 수 있다.

홀렌다이즈 소스(Hollandaise Sauce)

홀렌다이즈 소스가 어떤 과정을 거쳐 만들어지는지와 각 단계의 역할을 살펴보자.

소스를 만들 때 정제 버터 또는 일반 버터를 사용한다. 정제 버터는 버터 내의 유화 상태를 깨지게 해, 물과 우유 고형분이 가라앉고 버터지방이 위에 뜨게 하여 만든다.

정제 버터를 사용하면, 유화에 도움이 되는 버터의 일부뿐 아니라 우유 고형분의 풍미와 물도 잃게 된다. 유화는 사용되는 기름의 양만큼 물도 필요하다. 정제 버터를 사용할 때는 일반 버터를 사용할 때보다 더 많은 물이나 레몬주스를 넣어야 한다.

버터를 정제하려면 매우 낮은 열에서 가열해야 한다. 버터에 있는 우유 고형분이 타거나 물이 끓지 않게 낮은 불을 유지하면서 유화제를 분리한다. 계속 가열하면 위에 생기는 약간의 거품, 우유 고형분, 물, 거품을 모두 제거하여 버터지방만을 남긴 것이 정제버터이다.

정제 버터를 만드는 동안 화이트 와인 비네거(vineger), 으깬 흰 후추, 화이트 와인, 다진 파를 팬에 넣고 졸인다. 전체 양의 반으로 줄어들어 약 1~2큰술이 남을 때까지 계속 졸인다.

정제 버터가 완성되고 와인도 충분히 졸아들면 끓는 물이 있는 또 다른 냄비 위에 볼이 닿지 않도록 얹어 준비한다. 볼에 넣은 달걀이 익어 응고되지 않게 하려면 볼에 수증기만 닿아서 낮은 온도가 유지되도록 해야 한다.

물이 끓기 시작하면 불을 끄고, 달걀 2개, 졸인 와인 1큰술을 넣는다. 바로 노른자를 젓기 시작한다. 노른자가 버터색처럼 연해질 때까지 계속 저으면 걸쭉해지기 시작한다.

정제 버터를 빗방울처럼 조금씩 넣어 준다. 처음에는 몇 방울만 넣고, 달걀을 계속 저어 버터가 잘 섞이도록 한다. 달걀과 버터 4oz(8큰술) 정도 섞이면, 유화가 시작되어 남은 버터를 좀 더 빨리 넣을 수 있다. 준비한 버터를 다 섞으면, 레몬주스, 카옌페퍼, 타바스코 소스 또는 우스터 소스 등을 취향에 따라 넣는다.

소스는 일반적으로 버터지방이 응고되어 분리되지 않도록 따뜻하게 유지해야 하므로 바로 제공한다. 다시 말해, 냉장 보관이 어렵다는 뜻이고 다음 날까지 보관하는 방법은 없다.

기타 유화제

달걀과 세포벽에서 발견되는 인지질인 레시틴은 유화제의 한 종류이다. 앞에서 단백질과 세제에 대해 언급했듯이, 다른 종류의 유화제는 지방 분자를 분해하는 것(또는 지방 분자의 형성이 되지 않게 하는 것)이다.

지방은 트리글리세리드(triglyceride)이다. 이것은 글리세린을 중심으로 3개의 지방산이 붙어 있는 모양이다(이런 이유로 '트리(tri)'가 붙는다). 3개의 지방산 중에 한 개 또는 두 개를 제거하면 글리세린 분자가 물 등의 다른 것과 결합할 수 있는 공간이 생긴다. (글리세린이 있었던) 물을 좋아하는 끝부분과 (지방산이 남아있는) 지방을 좋아하는 끝부분을 가진 분자를 남겨 훌륭한 유화제로 작용하게 된다.

이러한 부분 지방은 글리세린에 지방산이 하나 또는 두 개 부착 여부에 따라 모노글리세리드(monoglycerides) 또는 디글리세리드(diglycerides)라 부른다. 모노글리세리드와 디글리세리드가 있는 제품 표기사항을 본 적이 있을 수도 있다. 그 성분이 유화나 폼을 안정시키기 위한 것이며 부분 지방임을 알 수 있을 것이다. 글리세릴스테아레이트(Glyceryl stearate)는 제품 표기사항에서 볼 수 있는 유화제이다.

다양한 폴리소르베이트(polysorbates)도 많이 쓰이는 유화제 중의 하나다. 다시 말하지만, 지방산은 물을 좋아하는 분자에 부착된다. 폴리소르베이트는 매우 다양한 종류가 있으며, 이름 뒤에 있는 숫자는 지방산 사슬의 길이를 나타낸다. 일반적으로 많이 사용되는 폴리소르베이트 20과 폴리소르베이트 80이 그 예다. 폴리소르베이트 80은 아이스크림 내의 단백질이 지방 방울을 더 잘 감싸기 위해 사용되고 폴리소르베이트 60은 뜨거운 코코아 믹스에 사용된다.

유사한 화합물로는 유화 왁스로 잘 알려진 세테아레스 알코올(ceteareth alcohol), 세틸 알코올(cetyl alcohol), 스테아릴 알코올(stearyl alcohol)이 있다.

유화제는 일반적으로 잘 용해되는 부분이 있다. 기름보다 물에 잘 녹는 단백질 같은 분자는 우유나 크림 같은 물속에 기름이 분산해있는 수중유적형 유화액이 되도록 돕는다. 크림을 저으면 지방에서도 잘 용해되어 잘 섞이도록 단백질의 변성이 일어나며, 유화액은 고체인 버터지방 내에 물이 분산된 유중수적형으로 고체 형태로 완성된다.

유중수적형 마가린 같은 유화액을 만들려면 지방에 잘 용해되는 유화제를 사용한다. 참고로, 지방산 사슬이 더 긴 것은 짧은 것보다 지방에서 더 잘 용해된다.

4

콜로이드, 젤, 현탁액

Colloids, Gels, and Suspensions

유화는 한 물질이 다른 물질에 고르게 분산된 혼합물로 콜로이드의 한 종류다. 분산된 물질의 입자 크기는 용해되기에 너무 크고 가라앉기에는 너무 작으며, 일반적으로 입자의 직경이 5~200나노미터다.

안개와 구름은 공기 중의 물이 섞인 콜로이드이다. 연기는 공기 중 고체 입자가 섞인 콜로이드이고, 유화는 다른 물질에 액체가 고르게 섞여있는 콜로이드이다. 스티로폼은 고체 가스의 콜로이드이고, 젤은 고체 내의 액체 콜로이드이다. 유리같이 고체 내에 다른 고체가 퍼져있는 콜로이드도 있다.

수성 콜로이드

요리할 때 흔히 볼 수 있는 콜로이드의 종류는 하이드로콜로이드(hydrocolloids)이다. 물에 입자들이 분산되어 만들어진 젤(고체) 또는 졸(액체)이 있다. 젤라틴은 뜨거우면 졸 상태이고, 식으면 젤 상태이다. 또 다른 예로, 펙틴, 한천(agar), 카라기난, 기타 젤화제로 만든 젤리가 있다.

입자가 너무 클 경우, 안정적인 콜로이드 대신 현탁액이 된다. 입자가 일시적으로 액체에 섞여 있지만 가만히 두면 가라앉는다. 입자 크기는 보통 1마이크로미터보다 크다. 0.2마이크로미터에서 1마이크로미터 사이의 입자는 콜로이드 또는 현탁액 아니면 둘 중 하나와 약간 유사한 형태를 형성할 수 있다.

요리사들은 종종 콜로이드를 만들고, 때로는 콜로이드 현상을 방해하려 노력한다. 그 예로, 과일 주스에 펙틴을 첨가해 젤리를 만들고, 그 반대로 미세입자를 제거해 맑은 와인을 얻기 위해 응집제를 넣는다. 물속의 입자는 모두 동일한 전하를 띠어 서로를 밀어낼 때 콜로이드를 형성한다. 콜로이드에 소금을 추가하면 전하를 띤 이온이 추가되어, 전하를 가진 고체 입체를 둘러싸고 전기적 반발력을 상쇄시켜 서로 결합하게 된다. 이때, 콜로이드에 남기에는 큰 입자들은 가라앉게 된다.

젤은 화학결합으로 인해 대부분 액체지만 고체같이 작용하는 3차원 구조를 서로 연결될 때 형성된다. 익힌 달걀흰자는 자연적으로 접혀 있었던 단백질이 펴지고 서로 결합하면서 형성되는 젤이다.

단백질은 열리고 펴지면서 서로 결합하는 큰 분자다. 젤을 형성하는 다른 분자들은 녹말과 전하를 띤 중합체를 포함한다.

전분

전분은 다당류로 쉽게 말해 '여러 개의 당'을 의미한다. 단당인 포도당 분자가 서로 결합하여 긴 사슬과 가지가 있는 나무 같은 모양을 이루면서 형성된다. 긴 사슬 형태는 아밀로오스이며, 가지가 있는 구조는 아밀로펙틴이다. 대부분의 식물 전분인 곡물의 전분은 25%의 아밀로오스와 75%의 아밀로펙틴을 함유하고 있다. 동물은 에너지를 저장하기 위한 글리코겐이라는 더 많은 가지가 있는 구조의 아밀로펙틴을 형성한다.

전분을 생성하는 유기체에는 직선 사슬(아밀로오스)을 생성하는 효소, 가지가 있는 나무 모양(아밀로펙틴)을 생성하는 효소, 가지가 있는 나무 모양을 긴 사슬 모양으로 변환하는 효소가 있다. 모든 전분 형태는 세포에서 다른 목적으로 사용된다. 일부는 구조와 관련이 있고, 일부는 에너지 저장소로 사용된다.

식물의 전분은 전분 과립이라고 하는 결정화된 덩어리로 묶여있다. 긴 체인이 정렬되고 꽉 채워져 촘촘한 고체를 형성한다. 물에서 가열되면, 이 전분 과립은 물을 흡수하고 팽창하여 결국 느슨한 액체 콜로이드로 분리된다. 식히면 녹말 내의 사슬이 다시 정렬되고 단단한 젤을 형성하고, 시네레시스(syneresis)라는 과정에 의해 액체가 분리된다.

아밀로오스 분자는 아밀로펙틴 분자보다 작다. 아밀로오스 분자는 250~2,000개의 포도당 분자로 구성되어 있고, 분자량은 40,000~340,000이다. 아밀로펙틴은 가지가 있는 사슬 형태의 많은 아밀로오스 구성되어 있으며, 분자량은 80,000,000에 이른다.

아밀로오스는 보통 속이 빈 긴 튜브로 이중 나선형을 형성한다. 일반적인 전분 테스트에서 요오드는 전분 용액에 첨가한다. 요오드는 나선형 튜브 내부에 들어가 빛과 반응하여 변한다. 요오드로 인해 투명했던 용액이 청흑색으로 변한다.

한천과 아가로오스

한천은 전분과 비슷한 젤화제다. 포도당 분자를 염기로 사용하는 대신 단당 갈락토오스가 사용된다. 전분과 마찬가지로 긴 사슬 형태의 아가로오스와 가지가 있는 형태의 아가로펙틴이 있다. 두 가지 중에 아가로오스는 주요 젤화제다. 정제된 아가로오스는 젤화되는 성질이 강하고 기공이 커서 젤을 통해 분자를 쉽게 운반할 수 있기 때문에 분자 생물학에서 널리 사용된다.

요리와 과학 모든 분야에서 한천은 전분보다 장점이 더 많다. 고온(185℉, 85℃)에서 녹지만 훨씬 낮은 온도(90℉, 32℃)에서는 굳는다. 물 분자는 아가로오스의 나선형 분자와 결합하여 젤을 안정화시켜 물 손실 없이 강력한 젤을 만든다. 박테리아는 전분처럼 아가로오스를 먹을 수 없으므로, 한천 배지에서 박테리아를 배양하는 데 사용된다(녹는점이 높아 전분보다 더 높은 온도에서 배양이 가능하다).

요리에서의 한천은 젤라틴 대신 채식주의자를 위한 젤화제로 사용된다. 한천은 홍조류 또는 해조류에서 추출된다. 비슷한 젤화제인 카라기난은 특정 홍조류에서 추출된다. 한천과 마찬가지로 카라기난은 갈락토오스로 나선형 모양으로 말려 있어, 상온에서 젤이 잘 형성된다. 치약과 같은 점탄성(물체에 힘을 가했을 때 고체, 액채의 성질이 동시에 나타나는 성질)이 있어 전단응력(shear stress)에 의해 액화되어 쉽게 짜거나 압출할 수 있으며, 응력이 제거되면 고체 형태로 다시 돌아온다.

순수한 아가로오스는 좋은 젤을 만들 수 있다. 분자 생물학에서 DNA를 크기별로 분리하는 데 사용된다. 크고 얽히고설킨 아가로펙틴 분자는 방해가 되기도 하지만, 순수한 아가로오스는 전기장의 영향으로 DNA가 젤을 통해 흐르도록 한다.

펙틴 젤

펙틴은 수용성 식이섬유의 한 종류로 인간의 소화에 관한 효과뿐 아니라 단백질과 아미노산의 소화율 감소의 효과가 있다. 치료약인 카오

펙테이트(Kaopectate)는 펙틴과 카올린(kaolin)이라는 고령토로 만들어진다.

크고 털이 많은 펙틴 분자는 잼과 젤리를 만드는 데 가장 많이 사용된다. 젤리용 펙틴은 주로 감귤류 과일과 사과에 많이 있지만, 대부분의 식물 세포벽에는 구조 요소와 윤활을 위해 펙틴이 함유되어 있다. 펙틴은 세포벽을 함께 유지한다. 과일이 익으면, 펙틴을 분해하고 과일을 부드럽게 만드는 효소가 나온다. 잼과 젤리의 펙틴은 대부분 소화가 되지 않지만, 일부 장내 박테리아는 펙틴을 대사 작용할 수 있다.

일반적으로 사과, 오렌지(껍질), 자두 같은 단단한 과일에는 펙틴이 많이 함유되어 있고, 포도, 체리, 딸기 같은 부드러운 과일에는 세포를 유지하기 위해 존재하는 펙틴이므로 훨씬 적게 있다. 감귤 껍질에는 약 30%가 함유되어 있으며, 오렌지 전체의 펙틴 함유량은 약 2%다. 사과는 훨씬 적은 양(1%)이 있지만 상업용 펙틴은 사과주스를 만들고 남은 고형물에서 펙틴을 추출한다.

상업용 펙틴은 고메톡실펙틴(HMP. high-methoxyl pectin)과 저메톡실펙틴(LMP, low-methoxyl pectin)의 두 가지 형태가 있으며, 서로 다른 방식의 젤을 형성한다. 전통적인 펙틴은 메톡실기를 많이 함유한 유형으로, (보통 중량 기준으로 설탕의 절반 이상으로) 당 함량이 매우 높고, 산이 높을 때만 젤로 변한다.

HMP 분자는 음전하를 띠며 서로 밀어낸다. 즉, 분자 간의 결합이 되지 않고, 고체 젤을 형성하지 않는다. 이 부분을 보완하기 위해서는 두 가지가 필요하다. 첫 번째는 음전하를 중화시키는 산성이다. 두 번째는 물 분자와 결합하여 물이 펙틴에 덜 결합하게 하는 고농도의 당이다. 이는 펙틴 분자가 서로 잘 결합할 수 있도록 한다.

LMP는 설탕이 없어도 젤화가 가능하도록 개발되었다. 일반적으로 HMP를 암모니아, 수산화나트륨 또는 산으로 처리하여 만든다. 저메톡실펙틴은 당과 산 대신 칼슘이 필요하다. 일반적으로 펙틴이 칼슘과 반응하기 전에 완전히 용해될 수 있도록 천천히 용해되는 인산칼슘 같은 칼슘염이 사용된다.

단백질 젤

단백질 젤은 흔하게 볼 수 있는 형태다. 스크램블 에그와 요거트는 단백질 젤의 한 종류다. 젤과 젤라틴이라는 단어는 '얼다(Freeze)'라는 의미의 라틴어에서 유래했고, 젤라틴은 단백질 젤이다.

알부민 같은 수용성 단백질은 일반적으로 소수성(물을 싫어하는) 아미노산이 안쪽에 있는 구형 모양이다. 이 상태에서 (오보뮤신, ovomucin이 달걀흰자를 단단하게 젤화하는 것처럼) 젤과 콜로이드를 형성할 수 있다. 열, 젓기, 산에 의해 변성되면 단백질이 펼쳐지고 서로 결합되어 더 단단한 젤이 되거나 플라스틱 같은 단단한 시트를 형성할 수 있다.

단백질로 만든 젤은 주방에서 흔히 볼 수 있다. 단백질은 가열, 산, 효소 등에 의해 작용하여 스크램블 에그, 요구르트, 커스터드, 젤라틴 등의 다양한 형태의 젤을 형성한다.

단백질이 가열되면 자연적으로 접힌 상태에서 펼쳐지면서 더 많은 공간을 차지하여 물의 흐름을 방해하여 두꺼워진다. 계속 가열하면, 단백질이 서로 결합하여 단단한 고체 젤을 형성한다.

단백질의 특성은 젤의 특징을 결정한다. 달걀 단백질에는 많은 황 함유 아미노산이 있으며, 황 원자는 쉽게 연결되어 이황화 결합을 형성한다. 이 교차결합은 젤을 단단하게 하고 달걀 단백질이 젤로 변성되기 쉬워 여름에 뜨거운 길거리에서도 조리할 수 있다.

우유 단백질은 산에 의해 쉽게 변성된다. 박테리아인 락토바실러스 애시도필러스(Lactobacillus acidophilus)가 유당을 젖산으로 산화시키면 그 산은 우유에서 카제인(casein)이라는 단백질을 침전시킨다. 단백질이 천천히 서로 연결되어 요거트 같은 부드러운 젤을 형성할 수 있다.

젤라틴은 뼈와 근육을 연결하는 콜라겐 조직에서 추출한 단백질이며, 피부와 뼈의 단백질 대부분을 구성한다.

콜라겐은 불용성이며, 삼중 나선이라 불리는 세 개의 사슬이 꼬인 밧줄과 같은 형태를 이룬다. 일반적으로 산이나 알칼리를 첨가하여 물에서 가열하면 가수분해되고 나선형 밧줄 형태의 사슬이 풀려 흩어진다.

용액이 식으면 사슬이 다시 나선형으로 말리기 시작한다. 모두 서로 얽혀 있어 나선형 모양으로 변하면서 마치 전화선처럼 엉킨다. 사슬의 끝부분이 엉켜 서로 이중, 삼중 나선형을 이룬다.

이렇게 형성된 엉킨 형태는 앞서 소개한 단백질 젤과 다른 종류의 열가역성 젤을 형성한다. 사슬은 강한 교차결합을 형성하지 않기 때문에 젤은 다시 가열하면 풀릴 수 있다. 식물성 검이나 전분과 비슷한 젤을 형성한다.

체리 드림 치즈(Cherry Dream Cheese)

나만의 치즈를 만드는 것은 재미있지만, 우유 1갤런은 저렴한 치즈 1파운드 또는 좋은 치즈 0.5파운드 정도밖에 생산되지 않으므로, 그 비용에 맞는 훌륭한 치즈를 만들어야 한다.
여기 소개하는 치즈는 가성비가 좋은 치즈다.
치즈는 짠맛뿐 아니라, 글루타메이트(glutamate)에 반응하는 풍미 또는 감칠맛을 느낄 수 있는 훌륭한 단백질 공급원이다.

좀 더 풍부한 맛을 내려면, 혀의 단맛과 신맛을 자극하는 것도 좋다(나는 다른 사람들에게 쓴맛을 자극하는 두 개의 맛있는 레시피를 만들라고 할 생각이지만, 직접 맛은 보지 않을 것이다).
이러한 조건을 만족시키는 재료로써 말린 빙체리가 가장 적합하다. 치즈의 맛을 느끼지 못할 정도로 달콤하지 않고, 얼굴을 찌푸릴 만큼 시지도 않은 빨간 색의 작은 덩어리는 마치 치즈의 한 부분처럼 느껴질 것이다. 이 레시피로 1파운드(453.5g) 치즈를 만들 수 있다.

재료

- 우유 : 1갤런(약3.8ℓ)
- 플레인 요거트 (바닐라맛도 가능) 또는 버터밀크 : ~½컵
- 렌넷 : ¼알
- 소금 : 2작은술
- 말린 빙체리 : ½컵
- 설탕 : 1큰술
- 레드 크레용 : 1개
- 파라핀 왁스 : ¼파운드(114g)

조리도구

- 6쿼트(5.68ℓ) 크기의 뚜껑 있는 냄비
- 긴 손잡이 스푼
- 긴 칼
- 대형 체
- 세척한 1피트 4인치 ABS 파이프 (길이 1피트(30.48cm), 4인치(10.16cm) 지름)

- 4평방피트(0.38제곱미터) 치즈클로스(필요에 따라 좀 더 커도 좋으며, 개인적으로 고운 천을 선호한다)
- 파이프 내부에 딱 맞는 나무 원반 또는 단단한 플라스틱(필자는 초콜릿 아몬드가 들어 있던 큰 용기의 플라스틱 뚜껑을 잘라 만들었다)
- 50파운드(22.67kg) 상당의 물건(콘크리트 블록, 벽돌, 오래된 운동 기구 등)

먼저 냄비를 살균한다. 냄비에 ½인치(1.27cm)의 물을 넣고 뚜껑을 닫는 상태에서 10분 동안 끓인다. 뜨거운 수증기에 데지 않도록 조심하면서 물을 버린다.
냄비에 우유 1갤런을 넣고 약 80℉(27℃)로 데운다. 온도계가 있으면 렌지에서 바로 데우고, 없는 경우 원하는 온도가 될 때까지 실온에 그대로 둔다(우유의 박테리아가 조금만 더 활동하게 하면 된다).
요거트를 넣고 젓는다. 버터밀크를 사용해도 좋으며, 양은 중요하지 않다. 몇 스푼부터 1컵까지 가능하다. 중요한 것은 우유에 락토바실러스 아시도필루스 박테리아를 추가하는 것이다. 이 박테리아는 자라고 번식하여 레닛이 활동할 수 있도록 우유를 산성으로 만든다. 적은 양을 넣으면 시간이 좀 더 오래 걸리지만, 24시간 동안 그대로 둘 것이기 때문에 양은 별로 의미가 없다.

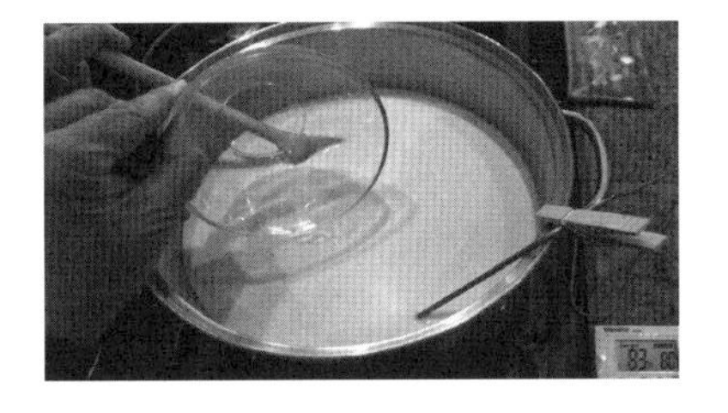

(뚜껑을 덮은) 냄비를 따뜻한 곳에 24~36시간 동안 둔다. 요거트를 만드는 것이 아니므로, 시간이 다 되어도 우유는 여전히 액체 상태이지만 버터밀크처럼 약간 시큼한 맛이 난다.
레닛 4분의 1알을 몇 큰술의 물에 넣어 녹인다. 경우에 따라, 레닛 반 알 또는 한 알 다 사용해도 된다. 레닛은 효소이기 때문에 촉매 역할을 하여 우유를 변형시키지만 그 과정에서 다 소모되지는 않는다. 더 많이 사용하면 과정이 좀 더 빨리 진행되지만, 여기서는 서두르지 않아도 된다. 천천히 진행하길 바란다.

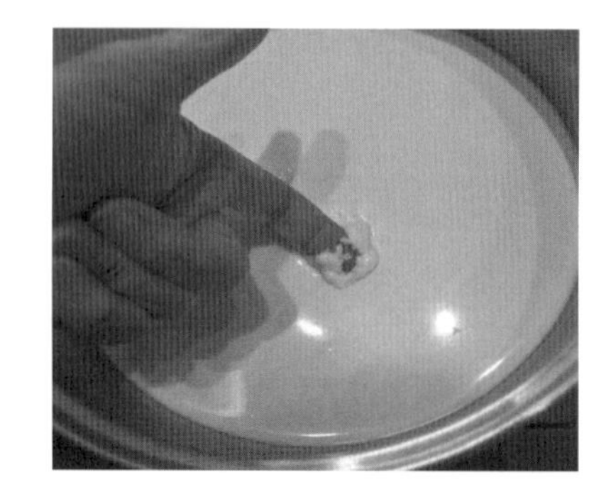

레닛을 우유에 넣고 젓는다.
(뚜껑을 덮은 채로) 냄비를 따뜻한 곳에 놓고 1~2시간 동안 그대로 둔다. 이 단계에서 서두르지 않도록 한다. 우유가 젤화되어 커스터드처럼 걸쭉해지기를 기다린다. 손을 넣었을 때, 손에 묻어나지 않고 부서지면 완성된 것이다. 이 작업에 걸리는 시간은 우유의 산도, 온도, 레닛의 양에 따라 다르다. 온도와 산을 높이거나 레닛의 양을 늘리는 것보다 기다리는 것이 좋다. 알다시피 치즈는 패스트푸드가 아니기 때문이다.

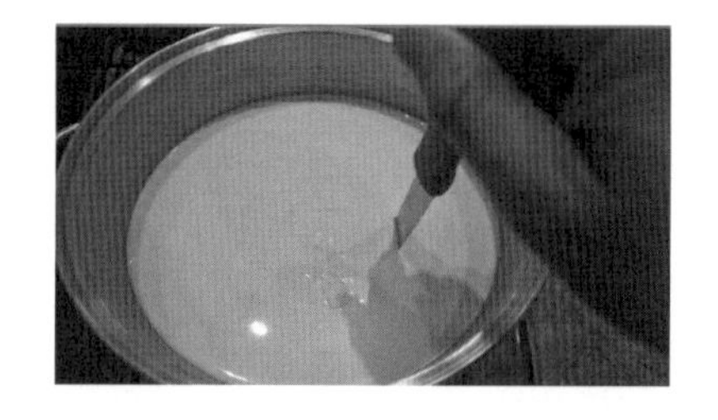

커스터드의 질감이 전체적으로 일관성이 생기면 커드로 잘라도 된다.
냄비 바닥에 닿을 정도의 긴 칼로 커드를 ½인치(1.27cm) 너비로 자른다.

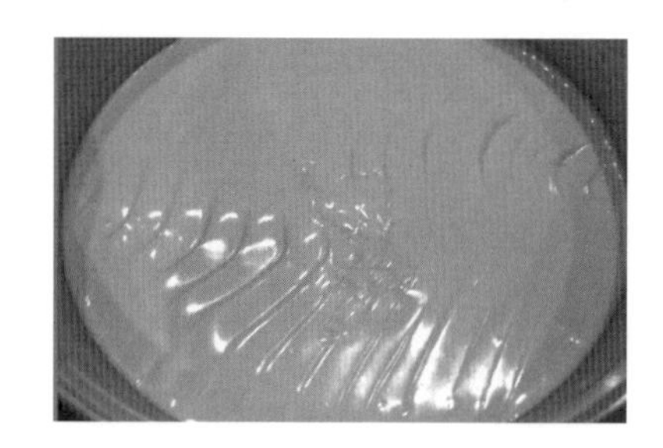

옆의 사진은 자른 선이 잘 보이도록 냄비를 흔들었더니 물결모양처럼 보인다. 냄비를 흔들기 전에는 직선이었다.

냄비를 90° 회전하여 ½인치(1.27cm) 크기의 정사각형 커드가 되도록 자른다.

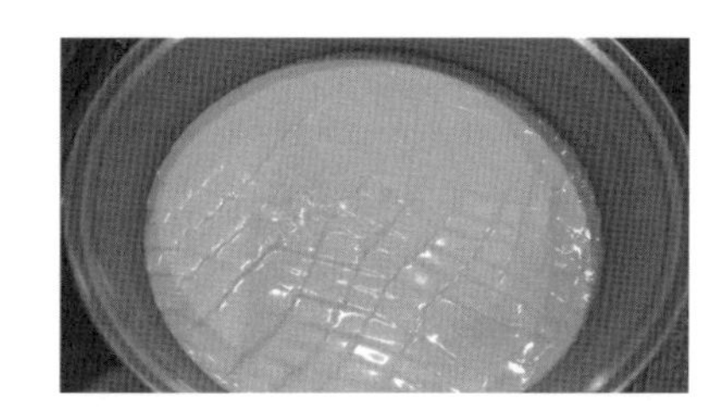

다음 단계는 커드를 가열하여 유청을 분리하는 과정이다. 이 단계는 완성된 치즈의 단단함을 결정한다. 개인적으로 단단한 치즈를 좋아해서 커드를 110℉(43℃)까지 가열한다. 더 부드러운 치즈를 만들고 싶다면, 102℉(39℃)까지의 낮은 온도로 가열한다.

단단한 체리가 있으므로 칼로 치즈를 자를 때 체리와 치즈가 분리되지 않고 잘 잘릴 단단한 치즈여야 한다.
약한 불로 가열하면서 잘 저어준다. 낮은 온도에서도 과열되기 쉬우므로 온도를 주의 깊게 봐야 한다. 커드가 너무 작아지지 않도록 세게 젓지 말고, 냄비의 커드가 위아래로 잘 섞이도록 한다.

적절한 온도에 도달하면 불을 끄거나 불에서 냄비를 내린다. 커드는 10~15분 동안 이 온도를 유지해야 굳고 수분이 빠진다. 완성된 커드는 잘 익힌 스크램블 에그와 비슷하다. 커드가 단단해져 냄비 바닥에 가라앉을 때까지 기다린다.

커드가 잘 만들어져 단단하게 굳어 바닥에 가라앉으면, 체에 올려 유청을 걸러낸다. 커드가 냄비 바닥에 가라앉지 않았다면 산을 좋아하는 박테리아와 가스를 생성하는 박테리아가 번식했다는 의미이다. 냄비를 충분히 소독하지 않았기 때문이지만, 큰 문제가 되지 않는다. 다만, 가스를 생성하는 박테리아가 기포를 생성해 스위스 치즈처럼 구멍이 있는 치즈가 될 것이다.

체를 흔들면 유청이 더 빨리 분리된다. 다음 단계를 위해 물기가 많이 빠져야 한다.

이제 소금 2작은술을 넣고 커드를 잘 젓는다. 소금은 풍미를 위한 것이 아니다(풍미도 중요하지만, 코티지 치즈처럼 맛이 싱거우면 안 된다). 취향에 따라 냉장고에서 며칠에서 몇 달 동안 숙성한다. 치즈가 숙성되는 동안 소금은 박테리아와 곰팡이의 발생을 억제한다.

전자레인지용 그릇에 말린 체리를 ½컵을 넣고, 설탕 1큰술, 물 1큰술을 넣는다. 전자레인지의 강도를 가장 높게 설정하고 1분~2분간 돌리면, 체리가 통통해지고, 설탕이 녹아 걸쭉한 체리 시럽이 완성된다.

손으로 만졌을 때 뜨겁지 않으면, 커드에 넣고 섞는다. 각각의 체리가 커드에 잘 섞여서 일정한 간격을 유지하도록 한다.

ABS 파이프를 평평한 바닥의 볼에 놓고, 치즈클로스를 파이프 안을 감싸고 윗부분에 약간의 여유분을 남겨둔다. 커드를 채우는 동안 고정이 되도록 고무줄로 파이프 윗부분을 묶는다. 사진에서 보이는 플라스틱 뚜껑으로 만든 원형 플라스틱이 치즈 프레스의 역할을 한다.

이제 커드를 치즈클로스에 숟가락으로 옮겨 담는다. 고무 밴드를 빼고 남은 천으로 커드를 덮는다. 원형 플라스틱으로 (또는 나무 원반 같은 지름 4인치(10cm)의 단단한 원형 모양으로) 덮는다. 캔이나 병 등 무거운 것을 찾아 위에 올려 누른다.

필자는 사진에서 보이는 것처럼 긴 플라스틱 병에 콘크리트를 플라스틱으로 코팅한 덤벨의 손잡이 부분을 넣어 사용했다.

원형 플라스틱 위에 약 50파운드(22.67kg) 정도의 무게를 쌓아 올린다. 무게로 인해 유청이 바닥으로 흘러내리므로 유청을 흡수할 종이 타월을 깔아 준다.
36~48시간이 지나면, 치즈를 분리해도 좋다. 파이프에서 치즈클로스를 분리할 때, 치즈 나이프가 필요할 수도 있지만, 커드가 단단하면 밀어내어 쉽게 분리할 수 있다

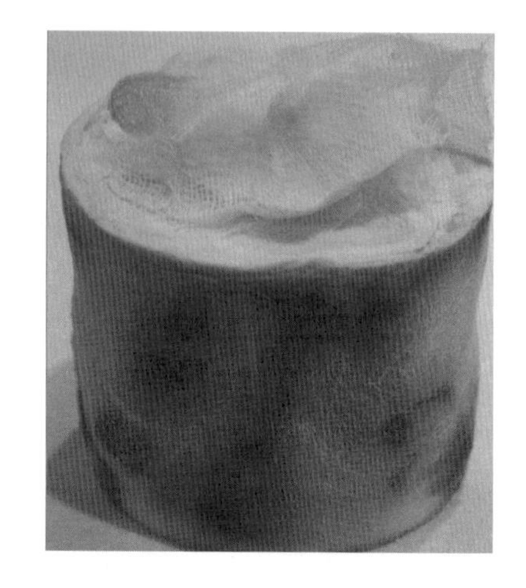

조심스럽게 치즈클로스를 분리한다. 원통 모양의 치즈의 가장자리나 표면에 체리가 있는 부분은 부서지기 쉽다. 이 부분의 치즈클로스를 분리할 때 (보기 좋은 상품으로 유지하기 위해) 치즈가 부서지지 않도록 조심한다.

이제 치즈를 잘라 먹어도 좋다. 단단한 외피의 더 진한 풍미의 치즈를 원한다면 종이 타월로 싸서 냉장고에서 건조하고 숙성한다. 타월에 습기가 생기면 매일 새것으로 교체한다. (첫 번째 주는 매일 젖어 있을 것이다.)
몇 주 후에 치즈는 단단한 외피의 치즈가 된다. 이 시점에서 왁스를 바르고 냉장고에서 몇 달 동안 더 숙성하면 깊은 맛의 치즈가 완성된다.
팬 위의 물이 보글보글 끓으면 일회용 알루미늄 파이 틀을 올려 크레용과 파라핀을 녹인다. 색이 잘 섞이도록 녹은 왁스를 잘 섞는다.

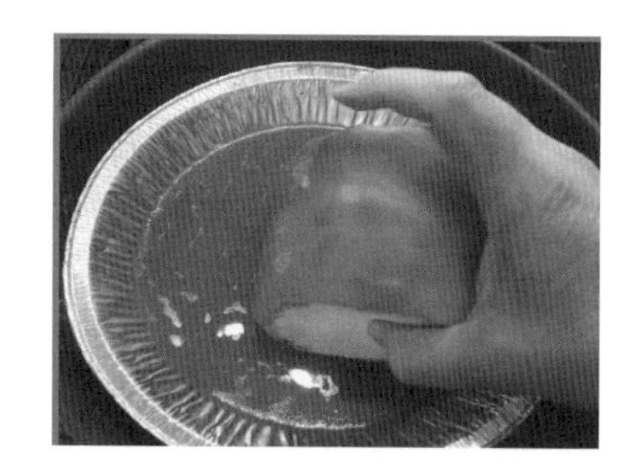

이제 치즈를 왁스에 넣고 측면이 두텁게 왁스로 코팅되도록 회전시킨다. 여러 번 반복해야 할 수도 있다. 마지막으로 윗면과 아랫면을 몇 번 담가 왁스로 완전히 치즈를 밀봉한다.

치즈에 이름, 날짜, 치즈 종류에 대한 설명, 우유 종류, 개봉하면 좋은 날짜까지 표기할 수 있다. 작은 종이에 인쇄하고 뜨거운 왁스를 이용해 윗부분에 붙인다.

홀리데이 베리에이션

올해 7월 4일 독립기념일 버전으로 빨간색, 흰색, 파랑색 치즈를 만들어 보는 것은 어떨까?
체리 드림 치즈와 같은 레시피를 사용하되 커드를 세 부분으로 나눈다. 첫 번째 커드에는 말린 빙체리를 넣는다.
치즈의 흰색 부분을 위해 두 번째 커드는 그대로 둔다.
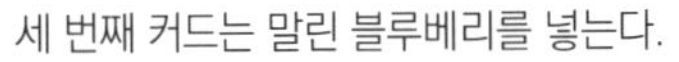
세 번째 커드는 말린 블루베리를 넣는다.
치즈 프레스에 치즈를 넣을 때, 체리 치즈를 가장 먼저 넣는다. 프레스 디스크를 손으로 눌러 치즈의 액체를 최대한 짜내고 평평한 윗면을 만든다.

흰색 치즈를 넣는다. 치즈 프레스의 디스크로 눌러 수분을 짜내고 상단을 평평하게 만든다.
마지막으로 블루베리 치즈를 올린다. 앞서 했던 것처럼 윗부분을 평평하게 만든 후, 치즈클로스를 접어 넣고 앞의 레시피와 같은 방법으로 눌러 준다.
필자의 경우, 200수 대나무(면사)를 치즈클로스로 사용했는데, 치즈를 풀었을 때 타이다이 모양으로 예쁘게 염색되었다. 깨끗한 흰색 티셔츠를 치즈클로스로 사용하면, 티셔츠를 빨아서 독립기념일 피크닉에서 입고 치즈를 서빙해도 된다. 하지만, 세탁 과정에서 색이 많이 연해질 것이다.
치즈 프레스에 하루 정도 두었다가 다음 날에 치즈를 제공할 수 있다. 늦어도 7월 1일에 치즈를 만들기 시작해야 한다. 필자는 치즈를 왁스로 코팅하고 숙성하려고 4월 중순에 만들기 시작했다. 냉장고에서 숙성할 치즈와 바로 먹을 치즈 총 2개를 만들었다. 파티에 온 손님들은 7월 1일에 만든 신선 치즈와 4월에 만든 숙성 치즈와 비교하며 즐길 수 있을 것이다.

치즈 프레스 만드는 법

체리 드림 치즈에서 임시 치즈 프레스를 위해 사용한 것은 효과가 좋았지만, 편리하거나 휴대 가능한 치즈 프레스는 아니었다. 이번엔 소나무 보드와 번지 코드를 이용해 새로운 치즈 프레스를 만들어 보았다. 전에 사용했던 프레스보다 가볍다.
만드는 법은 매우 간단하다. 필요한 재료는 다음과 같다.

- 소나무 보드 (4인치(10cm) 원형으로 자를 수 있도록 5인치(12.7cm) 이상의 정사각형, ¾인치(1.9cm) 두께)
- 드릴용 4인치(10cm) 원형 커터
- 마감용 못 2개
- 소나무 보드 (가로 9인치(22.8cm) x 세로 3½(8.9cm)인치 x 두께 ¾인치(1.9cm))
- 목재 연결용 나사형 아일렛 4개
- 소나무 보드 (가로 7인치(17.7cm) x 세로 7인치(x 두께 ¾인치(1.9cm))
- ABS 파이프 (6인치(15.2cm) 길이, 4인치(10cm) 지름)
- 번치 코드 1개 (길이 18인치(45.7cm))

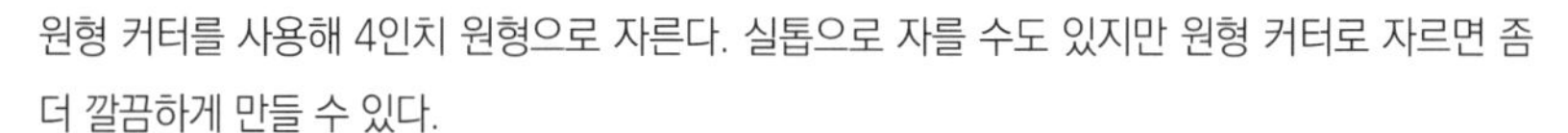

원형 커터를 사용해 4인치 원형으로 자른다. 실톱으로 자를 수도 있지만 원형 커터로 자르면 좀 더 깔끔하게 만들 수 있다.
자른 원형 보드를 9인치(22.8cm) 보드에 고정한다.
7인치(17.7cm) 정사각형 보드의 모서리에 4개의 아일렛을 박는다.
카놀라유, 옥수수유, 홍화유, 해바라기유 등의 식물성 기름을 사용하면 모든 목재 부품을 방수 처리할 수 있다. 기름을 충분히 사용하고 기름에 나무를 담가 둔다. 종이 타월로 펴 바르고 여분의 기름은 닦아 낸다.
프레스는 바로 사용 가능하다. 기름은 앞으로 몇 주 동안 마르고 굳지만, 사용 전에 건조할 필요는 없다.
프레스를 사용하려면 (유청을 흡수하기 위해) 종이 타월을 여러 층으로 접어 파이프 중간에 놓는다. 그다음 치즈클로스나 오래되어 사용하지 않는 깨끗한 침대 시트를 잘라 파이프에 넣는다.
치즈클로스에 커드를 다 넣고, 윗부분을 접는다.
프레스 디스크를 넣고, 디스크가 연결된 보드 상단 위로 번지 코드를 당긴다. 20~60파운드(9~27kg)의 힘이 필요하므로 쉽지 않은 작업일 것이다. 이 작업이 어렵다면 9인치(22.8cm) 보드의 끝부분을 거슬리지 않도록 살짝 잘라 낸다. 적은 압력으로 치즈를 오래 눌러도 된다.

5

기름과 지방

Oils and Fats

젤라틴은 입에서 녹는 특별한 식감을 느낄 수 있다.

기름과 지방은 친숙한 식재료로 용도와 특성에 대해 잘 알려져 있다. 그러나 그러한 특성을 지닌 이유에 대해 잘 설명하기는 어렵다. 기름과 물은 섞이지 않는다는 것을 알고 있지만, 기름과 지방의 어떠한 속성 때문에 섞이지 않는지 자세히 설명할 수 있나?

- 기름과 지방은 물에 뜬다.
- 기름과 지방은 당과 단백질보다 그램당 칼로리가 높다.
- 기름은 물보다 점성이 강하다.
- 지방은 물처럼 한 온도에서 녹지 않고 천천히 부드러워진다.
- 기름은 물만큼 빨리 증발하지 않는다.

물 분자는 극성 분자로 한쪽은 양전하, 다른 쪽은 음전하를 띠어 다른 물 분자와 연결되는 성질이 있다. 양전하를 띤 부분은 다른 분자의 음전하에 끌린다. 이러한 인력으로 인해 서로 가까워져 물의 밀도가 높아진다.

기름과 지방은 극성 분자가 아니다. 즉, 서로 끌어당기는 양전하와 음전하가 없다. 대신, 분자의 전자가 움직여서 발생하는 훨씬 약하지만 비슷한 힘에 끌린다. 전자가 분자의 한쪽으로 이동하면, 일시적으로 다른 쪽보다 음전하를 띠게 된다. 근처 분자의 전자는 양전하를 띠게 되어 매우 짧은 시간 동안 두 분자는 같은 쪽에 있는 전자와 동기화되어 마치 극성 분자처럼 행동한다. 그러나, 지방의 인력은 매우 약해, 소량의 열에너지가 이들의 결합을 분리한다. 이 결합과 분리가 지속적으로 반복된다.

기름과 지방 분자는 서로 약하게 끌어당길 뿐, 물 분자처럼 단단히 결합되지 않는다. 따라서 기름은 물보다 밀도가 낮고 물 위에 뜨게 된다.

음식을 '태우고' 산소와 결합하면서 몸에서 에너지를 얻게 된다. 당 분자식을 보면, 이미 산소를 포함하고 있다는 것을 알 수 있다. 다시 말해, 부분적으로 연소되었다는 것을 의미한다.

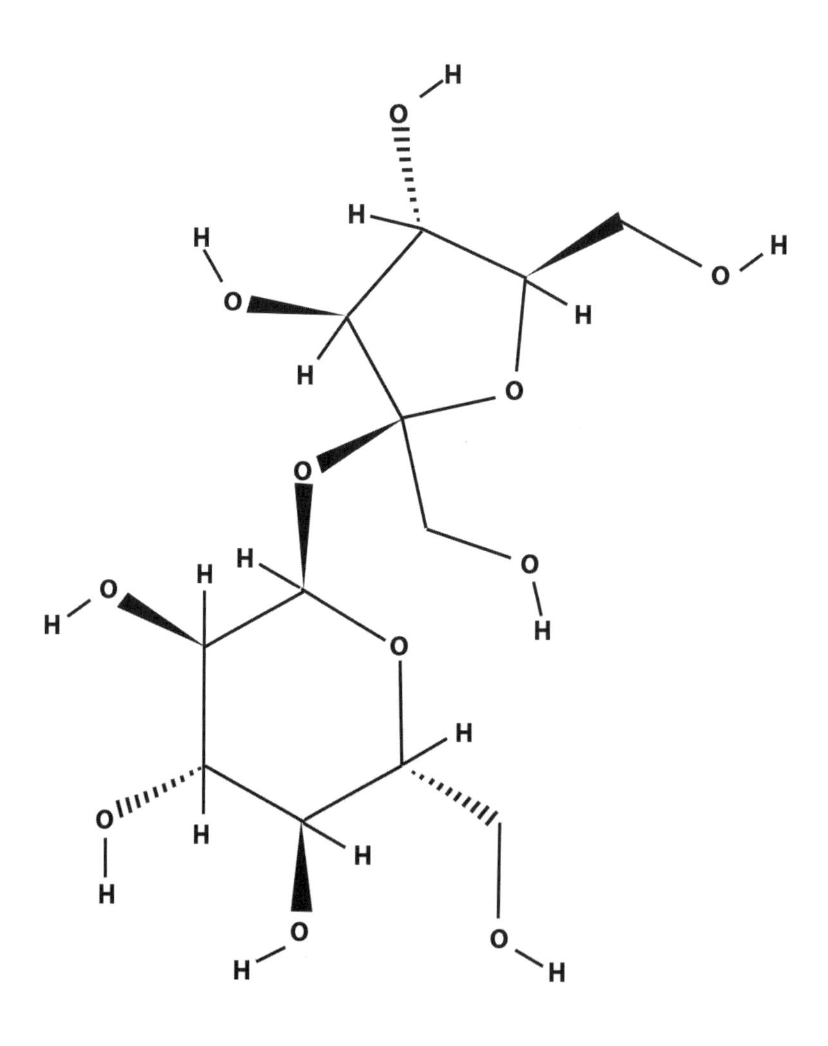

자당 분자(설탕)에는 11개의 산소 원자, 22개의 수소 원자, 12개의 탄소 원자가 있다. 수소 원자가 산소 원자보다 2배 많고, H_2O는 물이기 때문에, 이 분자(당, 전분, 펙틴 등)를 탄소와 물, 즉 탄수화물이라고 한다.

화학시간 : 분자를 보는 다양한 방법

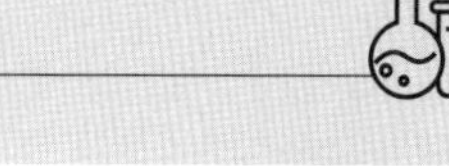

이 책에서는 가장 간단한 형태의 분자 구조식으로 분자를 설명하고 있으나, 화학자들이 분자의 구조를 보여주기 위해 사용하는 방법이 있다.

그림은 올레산(oleic acid)이 어떤 모습인지 보여주는 다양한 방법이다. 올레산은 올리브 오일 내에 있는 지방산의 한 종류이다.

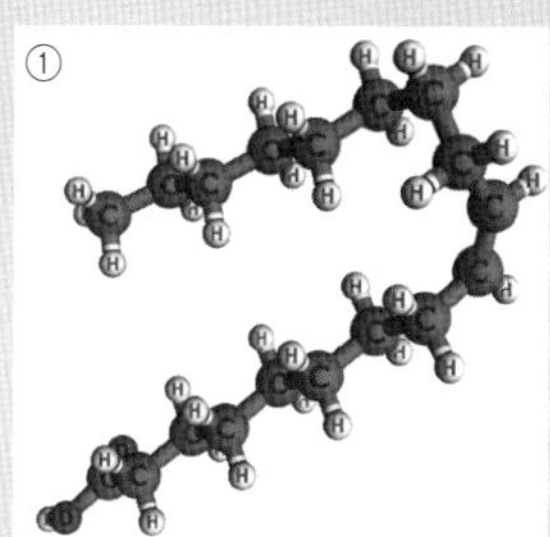

① 그림에는 각 원소에 탄소, 수소, 산소를 표기하여, 구조식이 다소 복잡해 보인다. 분자가 몇 개의 원자로만 구성되어 있는 경우, 색이나 음영을 주어 구별할 수도 있다.

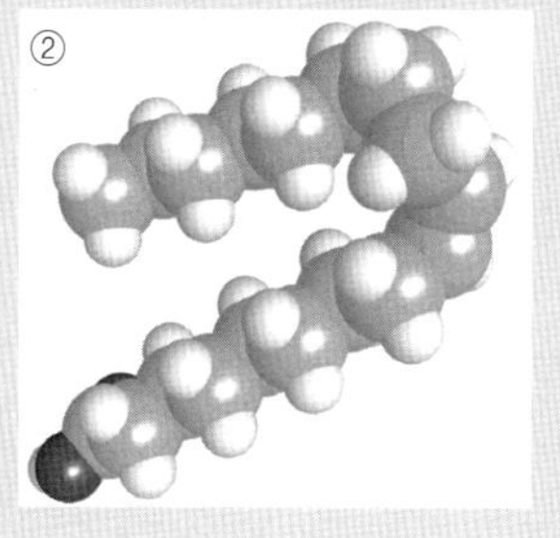

② 그림의 구조식은 덜 복잡해 보이지만, 일부 원자는 거의 가려져 있어 잘 보이지 않는다. 다음 형태는 좀 더 명확하게 분자식을 이해할 수 있다.

③ 구조식에는 이중 결합이 어디에 있는지, 각 이중 결합 탄소에 단 하나의 수소만 붙어 있다는 것을 알 수 있다.

지방 분자는 대부분 탄소와 수소로 이뤄져 있다. 전형적인 트리글리세리드(지방)는 산소 원자가 6개뿐이며 탄소 50개, 수소 100개 이상을 포함할 수 있다. 이미 연소된 분자가 적기 때문에, 지방은 탄수화물보다 더 많은 연료를 가지고 있다.

지방의 전형적인 트리글리세리드는 쇠고기 지방에 있는 트리스테아린(tristearin)이다.

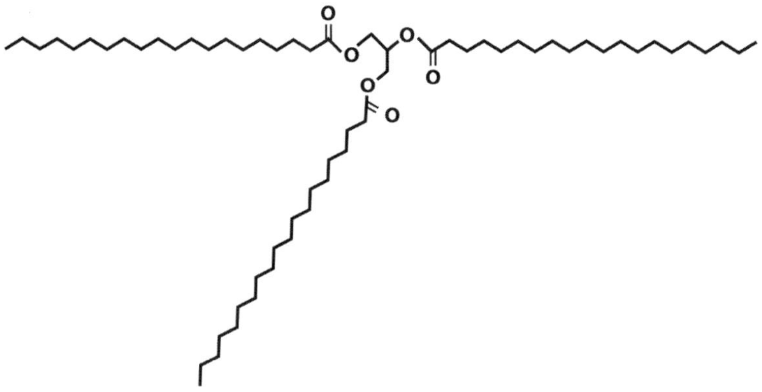

글리세린(glycerin) 분자식을 가지고 있다.

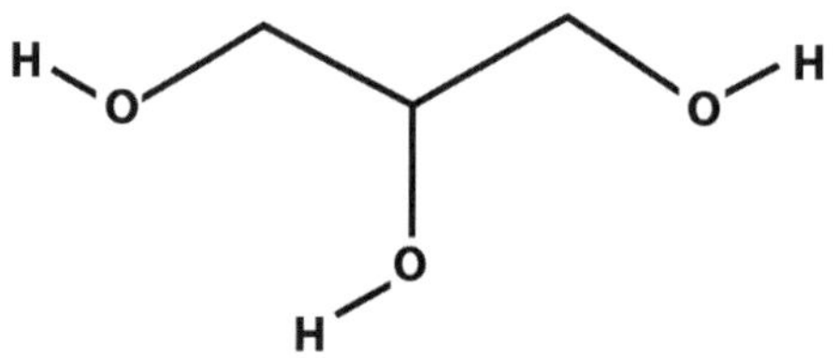

그 중심에 산소와 연결된 3개의 수소 대신, 3개의 스테아르산(stearic acid) 분자가 결합되어 있다.

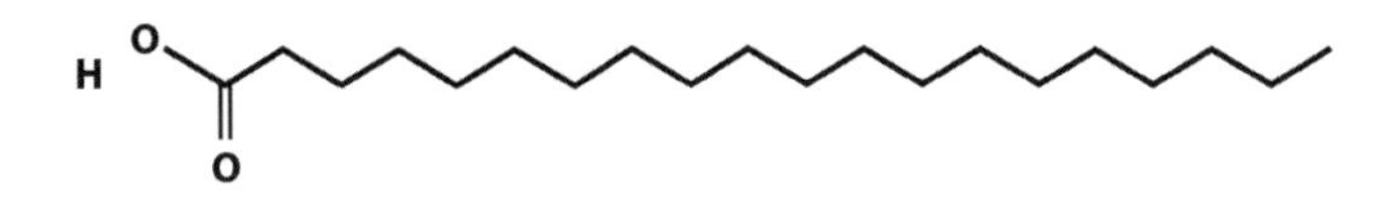

탄소와 수소로 구성된 긴 사슬 3개가 글리세린 분자의 중심에 붙어 있다. 이 긴 사슬은 근처에 있는 트리스테아린 분자의 긴 사슬과 부딪히고 엉켜서 물 분자처럼 분자가 이동하기가 쉽지 않다. 이로 인해, 걸쭉한 형태의 액체가 되며, 물보다 녹는점이 높다. 실제로 트리스테아린은 실온에서 고체형태이며, 161℉(72℃)에서 녹는다. 하지만 물보다 밀도가 낮고 물에 뜬다.

나뭇가지 한 움큼이 있다고 가정해보자. 가지가 많은 나뭇가지는 평평하게 정리하기 힘든 반면, 가지 없는 목재는 가지런하게 정리하기 쉽다. 트리스테아린 같은 지방의 긴 사슬은 목재처럼 정렬될 수 있으므로 분자 사이의 인력은 나뭇가지처럼 한두 지점에서 당을 때보다 더 강하다. 이 인력은 녹는점을 높인다. 트리글리세리드 분자는 긴 사슬에 가지처럼 돌출 부분이 있어서 쉽게 정렬되지 않는다(81쪽 하단에 있는 올레산 분자의 이중 결합에 있는 가지 부분을 참고). 이 경우에는 녹는점이 낮다.

기름은 지방보다 가지 형태의 분자가 더 많아 실온에서 액체 상태이다. 이런 가지 형태는 이중 결합에서 형성된다. 수소가 같은 면에 붙어 있어 약간의 양전하를 띠면서 서로 밀어내게 되고, 수소보다 탄소 근처에서 더 많은 시간을 보내기 때문이다.

분자들이 매우 크기 때문에 액체에서 기체가 되려면 더 많은 에너지가 필요하다. 기름과 지방은 물 같은 작은 분자들처럼 쉽게 증발하지 않는다.

대부분의 지방은 다양한 유형의 트리글리세리드 분자의 혼합물이다. 각 분자는 특정 온도에서 녹는 액체를 만든다. 많은 다른 유형이 함께 혼합되면 물질은 한 온도에서 녹지 않고 일정 범위의 온도에서 천천히 부드러워진다. (한 종류의 분자로 구성된, 즉 물) 얼음과 같은 물질이 녹을 때 천천히 부드러워지지 않는다. 대신 두 개의 상태가 있다. 고체 얼음은 액체 상태의 물로 코팅되어 있으며, 액체 상태와 고체 상태의 온도는 서로 다르다. 반면, (녹는점이 다른 다양한 분자로 구성되었기 때문에) 지방은 천천히 부드러워지고 완전히 녹기 전에 다른 성분과 혼합되거나 부드럽게 펴 바를 수 있다.

포화 지방

탄소 원자는 4개의 다른 원자와 결합 가능하다. 트리글리세리드 분자의 긴 사슬에 있는 각 탄소는 단일 결합 또는 이중 결합에 의해 다른 탄소 원자에 붙게 된다. 이중 결합은 가능한 4개의 결합 중 2개를 사용하므로 각 이중 결합 탄소는 2개가 아닌 하나의 수소만 보유할 수 있다. 탄소가 단일 결합을 할 경우, 각 탄소는 두 개의 수소 원자를 보유할 공간이 있다. 가능한 많은 수소를 보유한 지방은 수소가 포화상태이기 때문에 포화 지방이라고 한다.

소고기 지방의 트리스테아린은 포화 지방의 한 종류이다. 포화 지방은 꼬임이 없는 사슬로 구성되어 있어, 나란히 쌓아놓은 목재처럼 서로 가까이 위치할 수 있다.

불포화 지방

탄소 사슬이 이중 결합을 하게 되면, 구부러진 분자 형태를 형성하게 된다. 두 개의 결합으로 인해, 분자는 두 개의 경첩이 있는 문처럼 움직임에 제한이 있다. 꼬인 형태의 분자는 서로 정렬되기 어려우므로, 인력이 적은 편이다. 포화 지방은 마치 목걸이처럼 유연한 사슬 같다면, 불포화 지방은 모두 이중 결합으로 이루어진 사슬로 자전거 체인과 같아서 한 면에서만 구부릴 수 있다.

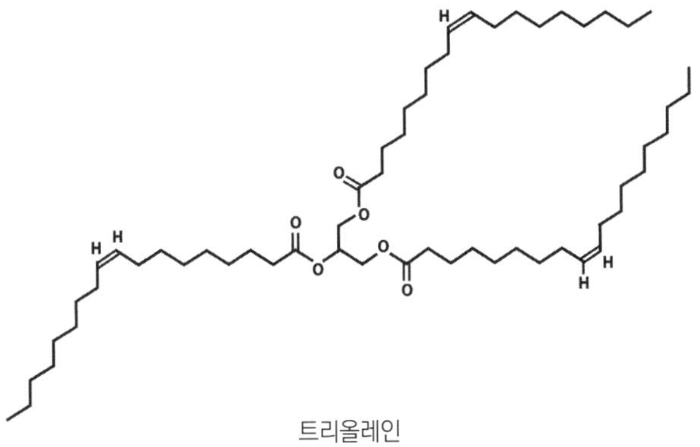

트리올레인

긴 사슬에 이중 결합이 하나만 있을 때, 지방은 불포화 상태라고 말한다. 대표적인 단일 불포화 지방은 (올리브 오일과 마카다미아 너트에 있는) 트리올레인이다. 어는점 이하(22℉, -5℃)에서는 액체 상태를 유지한다. 마카다미아 너트 오일은 약 80%, 올리브 오일은 75%의 단일 불포화 지방을 함유하고 있다.

고도불포화 지방

사슬에서 두 개 이상의 이중 결합이 있으면 고도불포화 지방에 속한다. 이중 결합의 수가 증가하면 지방의 녹는점이 다시 올라가기 시작한다. 서로 나란히 쌓여있는 직선 사슬로 구성되어 녹는점이 높은 포화 지방과 달리, 고도불포화 지방은 이중 결합이 서로 엉키어 녹는점이 높아진다.

화학시간 : 킨키 분자(Kinky Molecules)

손으로 직접 만들어보면 좀 더 이해하기가 쉽다. 이중 결합에서 꼬임이 어떻게 형성되는지 이해하려면 아래 그림을 보면 된다. 8개의 정육면체 자석과 9개의 구형을 볼 수 있다. 정육면체는 탄소 원자를 나타내고, 구형은 전자가 있는 전기의 클라우드를 나타낸다.

왼쪽에 나란히 겹쳐있는 두 개의 구형은 이중 결합을 의미한다. 이때, 분자를 구부리는 것은 쉽지만, 경첩이 있는 문처럼 한쪽 방향으로만 움직인다. 나머지 사슬은 음전하(구형)가 서로 밀어내어 가능한 멀리 떨어져 있기 때문에, 직선 모양으로 유지 가능하며, 회전도 가능하다.

고도불포화 지방의 예로, 쉽게 기억할 수 있는 트리에이코사펜타에노인(triEPA)이 있다. triEPA의 3개의 사슬은 각각 5개의 이중 결합을 가지고 있다. 그 이름은 사슬에 20개의 탄소가 있고(그리스어로 20은 eicosa), 5개의 이중 결합(그리스어로 5는 penta)이 있다는 것을 의미한다.

트리에이코사펜타에노인은 어유(fish oil)에서 발견된다. 어류는 스스로 생성하지 못하고, 먹이인 해조류를 통해 얻는다. 세 개의 사슬은 에이코사펜타엔산(EPA)으로 구성되어 있으며, 인체에서 에이코사노이드(eicosanoids)라는 필수 물질로 변환한다.

또한, EPA는 정자의 주요 지방산이며, 많은 중요한 호르몬의 전구체 분자인 도코사헥사엔산(DHA)으로 전환된다.

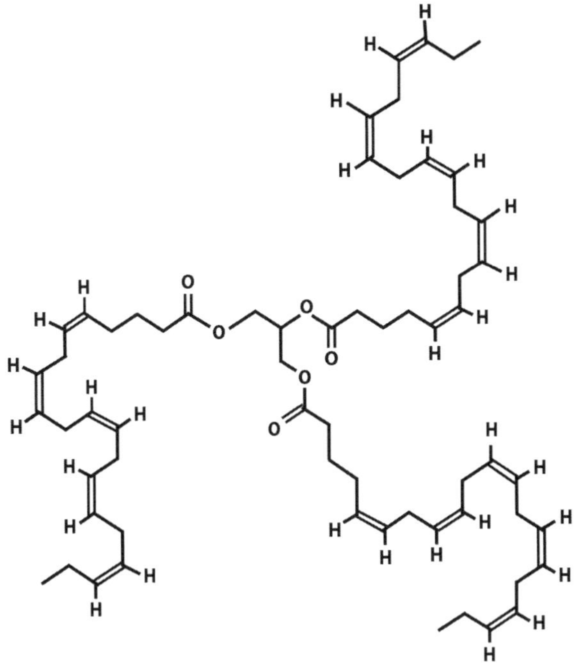

트리에이코사펜타에노인/Trieicosapentaenoin

오메가-3 및 오메가-6 지방

triEAP에서 세 개의 사슬 끝을 보면 마지막 이중 결합의 탄소가 끝에 있는 매우 짧은 사슬(2개의 탄소)에 붙어 있는 것을 알 수 있다. 사슬의 꼬리는 그리스 알파벳의 마지막 글자를 따서 오메가 엔드로 불린다. 끝에서 세 번째에 위치한 탄소는 이중 결합을 한 지방이다.

이러한 지방을 오메가-3 지방이라고 한다. 일반적으로 세 개의 사슬은 각각 오메가-3 지방산으로 구성되어 있다.

인간의 경우, 오메가-3 및 오메가-6 지방산은 면역 체계와 다른 기능을 조절하는 호르몬을 생성하는 데 사용된다. 이들을 전환하는 효소는 동일하다. 오메가-6 지방산은 효소와 반응을 더 잘해, 오메가-3 호르몬보다 더 많은 오메가-6 호르몬이 생성된다. 오메가-6는 염증, 관절염, 심장 마비, 뇌졸중, 우울증을 유발할 수 있다. 전형적인 서양 식단은 오메가-3보

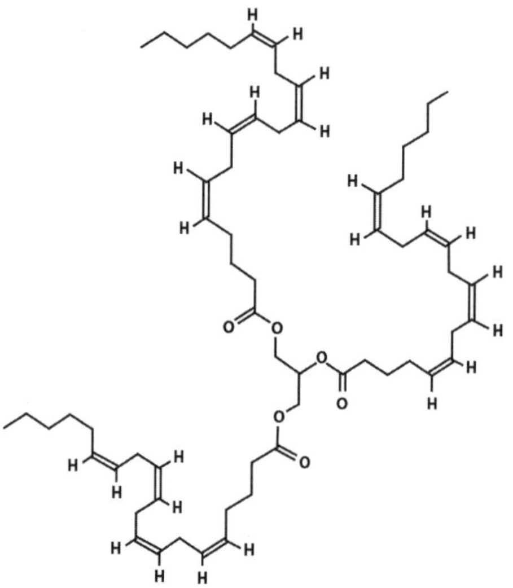

다 10배 많은 오메가-6 지방을 함유하고 있어, 이런 질병을 유도하는 호르몬 불균형을 초래할 수 있다.

오메가-6 지방의 예로는 트리아라치도닌(triarachidonin)이 있다.

통증 및 염증 치료에 사용되는 COX-1과 COX-2 억제제(아스피린, 이부프로펜(ibuprofen), 나프록센(naproxen)라는 약물은 아라키돈산(arachidonic acid)이 염증화합물로 전환되는 것을 방지한다.

트랜스 지방

지금까지 설명한 지방은 사슬의 같은 쪽에 각 이중 결합을 하여 양쪽다 수소를 가지고 있다. 수소는 그리스어로 '같은 쪽에'라는 뜻의 시스형(cis position)이라고 한다. 수소가 모두 같은 쪽에 있으면 사슬이 꼬이게 된다.

하지만 수소가 다르게 놓일 수도 있다. 수소 하나는 한쪽에 있고 다른 수소는 반대쪽에 있는 형태로 트랜스형이라고 한다.

트랜스 지방의 사슬은 포화 지방의 사슬처럼 직선이다. 트랜스 지방은 녹는점이 높고 포화 지방과 많이 비슷하다.

불포화 지방이 가열되면 트랜스 지방이 형성된다. 열로 인해 분자가 흔들리고 진동할 때, 일부 결합이 시스형에서 트랜스형으로 변경된다. 지방이 조리되면서 결합과 해체가 반복되면서 결합의 반은 시스형, 반은 트랜스형의 지방이 생성된다.

식물성 쇼트닝을 만들 때 불포화 지방을 포함하는 식물성 기름은 촉매와 일부 수소와 함께 가열하면, 이중 결합의 일부가 수소를 얻어 포화상태의 단일 결합으로 전환된다. 그러나, 이 공정에는 열이 필요하고 가열은 바람직하지 않은 트랜스 결합을 생성한다.

트랜스 지방은 나쁜 LDL 콜레스테롤 함량을 증가시키고 좋은 HDL 콜레스테롤 함량을 저하하여 관상동맥심장병의 위험을 높이는 것으로 나타났다.

쇼트닝은 저렴한 식물성 기름을 고형 지방으로 만들기 위해 발명되었으며, 요리에서 값비싼 라드를 대체하게 되었다. 최근 트랜스 지방과 관련된 건강 문제가 발견되었다. 원래 식물성 쇼트닝과 마가린은 라드와 버터 대신 건강하게 먹을 수 있는 대체제로 판매되었다.

요즘 쇼트닝은 기름을 계속해서 포화시켜 이중 결합이 거의 남지 않도록 하여, 쇼트닝 한 큰술당 트랜스 지방 함량이 1g 미만이 될 때까지 섞어서 만든다. 이렇게 만든 쇼트닝은 제조업체에서 트랜스 지방이 0g이라고 표기할 수 있다.

쇼트닝 1큰술, 12.9g에 트랜스 지방이 6%가 포함되어 있어도 '0g'이라고 표기할 수 있다. 다시 말해, 쇼트닝 1컵에는 16g의 트랜스 지방이 있을 가능성이 있지만 0g이라고 표기하고 있다.

앞서 소개한 트리올레인 구조와 다음 페이지의 트랜스형을 비교해 보자.

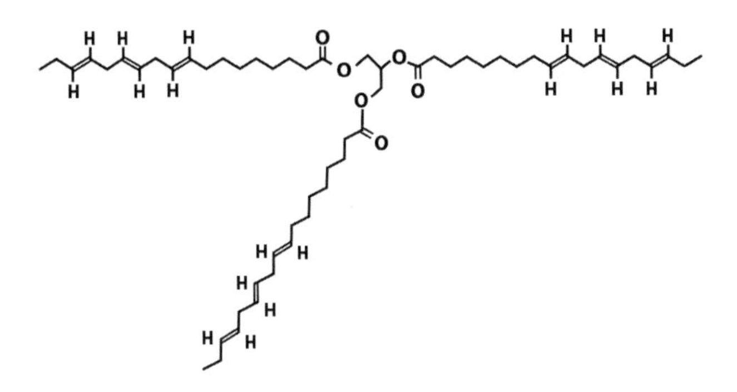

여기서 사슬은 꼬이지 않는다. 직선으로 보이지만 실제로 긴 사슬은 이중 결합이 있는 경우를 제외하고 스파게티 면처럼 구부러질 수 있다. 탄소가 한 곳이 아닌 두 곳에 연결되어 있기 때문에 움직임이 경첩처럼 제한적이다.

포화 지방은 모두 단일 결합이기 때문에 가장 유연한 사슬을 가지고 있다. 여러 가지 배열로 단단히 묶일 수 있으므로 녹는점이 가장 높다. 트랜스 지방은 배열하기 좋은 형태이며, 녹는점은 비슷한 포화 지방과 시스 불포화 지방의 중간이다. 트리올레인과 같은 시스형 불포화 지방에서는 꼬임이 배열을 방해하며 녹는점이 상당히 낮다.

6

용액

Solutions

용액은 둘 이상의 물질이 잘 혼합된(균질한) 혼합물이다. 고체물질(용질)이 액체물질(용매)에 용해되는 액체 용액은 흔히 볼 수 있다. 또한, 액체는 다른 액체에 용해될 수 있고, 고체는 고체에 용해될 수 있으며 기체는 액체에 용해될 수 있다.

여기에서 답변하고자 하는 질문은 다음과 같다.

- 왜 물질이 용해되는가?
- 서로 다른 액체가 고체를 용해하는 이유는 무엇인가?
- 왜 열을 가하고 저어주면 더 빨리 용해되는가?
- 어떤 물질이 얼마나 녹을지를 제한하는 요소는 무엇인가?

소금이 물에 녹는 것을 먼저 살펴보자. 물은 극성 분자로 한쪽은 양전하고 한쪽은 음전하다.

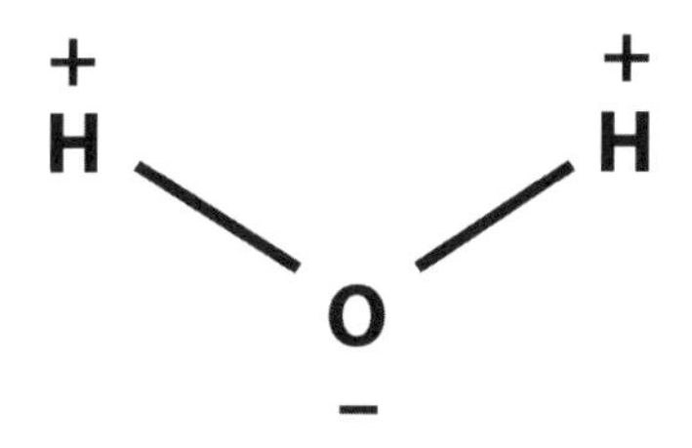

이온 결합은 앞에서 설명했듯이, 이온은 원자가 전자를 잃거나 전자를 얻어 전기를 띠게 될 때 형성된다. 소금은 양전하 나트륨과 음전하 염소 이온으로 구성된 이온성 고체다. 반대 전하의 영향으로 서로 밀접하게 붙어 밀도가 높은 고체를 형성한다. 이때 이온은 나트륨 원자가 염소 원자에 전자를 잃을 때 생성된다.

소금을 물에 떨어뜨리면, 물 분자의 양전하를 띠는 끝부분은 염화 음이온에 끌리고, 물 분자의 음전하를 띠는 끝부분은 나트륨 이온에 끌리게 된다. 즉, 인력은 물 분자의 양쪽 끝에서 일어난다. 염소 이온의 전자는 물 분자에 더 가깝게 이동하고, 물 분자의 전자는 나트륨 이온에 더 가깝게 이동한다. 이로 인해 나트륨 이온과 염소 이온 사이의 인력이 약해진다. 물 분자는 이온 간의 인력보다 더 강한 힘으로 이온을 끌어당겨, 이온들은 물속으로 이동한다. 즉, 소금이 녹았다는 뜻이다.

이 반응은 되돌릴 수 있다. 물 분자의 인력이 작용하기에 적은 양의 물속의 이온은 서로 끌어당겨 소금 결정이 점점 커지게 된다.

용해되는 소금 결정 주변이 이온으로 포화상태가 되면 용해 속도는 결정의 성장 속도와 같아진다. 물 분자가 움직이지 않는다면 용해는 멈출 것이다. 물 분자가 이온을 멀리 운반하고 많은 물 분자를 소금에 가까워지도록 이동하여 용해 과정이 계속 진행된다.

용액이 결국 이온으로 가득 차서 결정 성장 속도가 용해 속도와 같아지면 용액이 포화되었다고 한다. 포화점은 용액의 열에 영향을 받는다. 열은 분자의 운동이므로, 용액이 더 뜨거우면 분자가 더 많이 움직인다. 활발한 분자의 움직임은 이온이 결정에 달라붙는 것보다 결정이 물속으로 이동하기 때문에, 냉수보다 온수에서 더 많은 소금이 용해된다.

결정을 더 빨리 녹이려면 물을 저어준다. 용해되지 않은 순수한 물과 결정 주위의 포화된 용액을 섞어주어, 섞지 않을 때보다 용해 과정이 빨리 진행된다.

설탕을 물에 녹여도 비슷한 현상이 나타난다. 설탕은 소금처럼 이온성 고체가 아닌 물처럼 극성 분자다. 분자에는 양전하와 음전하가 있고, 서로 끌어당기는 성질이 있다. 설탕은 다소 큰 분자가 여러 개 뭉쳐서 이뤄진 고체다.

물에서 설탕 분자의 양전하와 음전하는 물의 음전하와 양전하를 서로 끌어당긴다. 다시 말하지만, 물 분자의 인력은 설탕 분자 내의 인력보다 더 강하다. 이로 인해, 설탕이 녹게 된다.

고체 상태의 소금 또는 설탕의 결합을 끊으려면 에너지가 필요하다. 에너지는 다양한 곳에서 나올 수 있다. 첫 번째는 물의 열과 소금 자체이다. 두 번째는 물 분자가 소금이나 설탕 분자에 작용하는 인력이다. 지구와 댐 안의 물 사이의 중력 인력이 전기를 생성하는 에너지를 제공하는 것처럼, 극성 물 분자와 고체의 극성 분자 간의 인력은 고체의 결합을 약하게 할 수 있다.

모래 같은 물질은 물에 녹지 않는다. 모래 속의 분자들은 너무 강하게 결합되어 서로에 대한 인력이 물과의 인력보다 강하기 때문에 아무 일도 일어나지 않는다.

스티로폼과 같은 무극성 분자가 가솔린과 같은 무극성 용매에 용해되면 유사한 과정이 일어난다. 관련 결합은 일반적으로 약하며, 확산이 진행된다. 확산은 분자의 움직임(열)에 의해 무작위로 흔들릴 때 분리된 물체가 섞이는 성질이다. 물 한 컵에 식용 색소를 조금 떨어뜨리면 전체 액체가 균일한 색이 될 때까지 천천히 확산되는 것을 볼 수 있다.

같은 방식으로 스티로폼 분자는 두 분자가 완전히 혼합될 때까지 가솔린 속에서 점점 확산된다. 물론 소금이나 설탕이 물에 녹을 때에도 같은 현상이 일어나지만 물의 극성이 없는 상태에서는 소금 분자 또는 설탕 분자 내의 강한 결합이 확산을 방지한다. 이로 인해, 소금과 설탕이 기름에 녹지 않는다.

온도가 높을수록 일반적으로 용해도가 증가하지만 용해의 정도는 물질에 따라 다르다. 얼기 직전에는 약 356g의 소금이 1리터의 물에 녹는다. 끓기 직전의 물에서는 390g이 녹으며, 큰 차이가 없다. 그러나 설탕은 얼기 직전에는 1,790g이 녹고, 끓기 직전에서는 4,870g으로 크게 증가한다.

다른 물질의 첨가는 용해도에 영향을 미친다. 가능한 많은 설탕을 물에 녹인 후, 약간의 소금을 넣으면 더 많은 설탕을 녹일 수 있다. 사실 설탕의 일부는 일부 소금에 용해되고, 그 반대 경우도 마찬가지다. 따라서 미네랄워터를 함유한 다양한 소금의 양은 사탕을 만들 때 많은 영향을 미친다.

용액의 과포화는 가능하다. 가능한 많은 설탕을 뜨거운 물에 녹이고, 젓지 않고 천천히 식히면 설탕이 녹는다. 설탕 결정 몇 개를 용액에 떨어뜨리면 설탕이 용액에서 결정화되면서 큰 설탕 결정(락 캔디, rock candy)이 형성된다. 설탕 분자는 물 분자가 적게 남아있는 과포화 용액에서는 서로를 더 강하게 결합한다.

탄산수 및 온도

기체는 액체에서 용해된다. 이산화탄소가 물에 녹으면 탄산수가 된다.

기체는 낮은 온도에서 더 잘 용해된다. 이산화탄소는 가스이기 때문에 용해를 위해 분리할 결합은 없다. 그러나, 가스와 액체의 결합은 온도가 상승하면 쉽게 분리된다. 즉, 이산화탄소는 따뜻한 물보다 차가운 물에서 더 많이 용해된다.

휘핑크림 용기에 있는 아산화질소 또는 '휘핏'으로 동일한 효과를 낼 수 있다. 마찬가지로, 상온의 크림보다 매우 차가운 크림에 더 많이 용해된다.

가끔 기포가 없는 투명한 얼음을 만들고 싶을 때가 있다. 물이 얼면 단단한 얼음 결정이 형성된다. 일반적으로 결정은 투명하다. 얼음 결정은 분자의 층이 쌓여 형성되기 때문에 이물질 분자는 물에 남게 된다. 결국 물이 얼면서 얼음은 이물질을 밀어내게 된다. 이물질은 물속에 용해된 공기로, 얼음에 기포가 생성된다.

기포를 없애려면 물을 끓인 후, 얼리면 된다. 고온은 용액 내의 공기가 대부분 나오게 하므로, 냉각되어도 물속에 공기가 거의 남아있지 않다. 식으면서 공기가 다시 물에 용해될 수 있으므로 공기와의 접촉을 방지하려면 랩으로 덮는다.

시럽, 육수 및 기타 용액

주방에는 많은 용액이 있다. 쇠고기 육수는 소금, 단백질, 설탕, 기타 작은 분자로 이뤄진 용액이다. 탄산소다는 설탕, 향료, 이산화탄소 용액이다. 식초는 물과 아세트산과 맛을 내는 분자 용액이다.

앞서 설명한 콜로이드에서, 소스는 적은 양의 단백질, 녹말 또는 다른 큰 분자들을 사용하여 걸쭉하게 만든다. 하지만 물 1쿼트(0.95ℓ)에 4.5파운드(2.04kg)의 설탕을 녹일 수 있기 때문에 설탕과 같은 작은 분자도 충분한 양의 설탕을 녹이면 물은 걸쭉해질 수 있다. 이것은 별로 놀라운 일은 아니다. 이 비율은 설탕 분자와 물 분자의 비율이 1:10이다. 물을 끓여 더 많은 설탕을 녹이면, 설탕과 물 분자의 비율은 1:4로 변한다.

메이플 시럽, 꿀, 옥수수 시럽의 밀도는 물의 1.3배이므로, 물 1쿼트당 설탕 10온스(0.29ℓ) 비율로 적용하면, 1리터의 시럽에는 약 300g의 설탕을 함유하고 있다.

옥수수 시럽은 포도당을 함유하고 있다. 포도당 분자 사슬로 구성된 옥수수 전분을 분해하기 위해 효소를 사용하여 만든다. 포도당은 자당만큼 달지 않기 때문에 옥수수 시럽은 설탕 시럽만큼 달지 않다. 전분을 포도당으로 전환하기 위해 사용되는 효소에 의해 완전히 분리되지 않은 포도당 분자의 긴 사슬이 점성을 갖게 된다.

액상과당은 일부 포도당을 단맛의 설탕 과당으로 전환하는 다른 종류의 효소를 사용하여 만든다. 자당 시럽과 같은 단맛을 내기 위해, 과당 55%, 포도당 45%의 비율을 사용한다. 이를 HFCS 55라 부른다. 꿀에 함유된 포도당과 과당의 비율과 같다. 미국의 옥수수는 정부 보조금을 받아 재배 가능하고, 설탕은 관세뿐 아니라 할당량이 있기 때문에 액상과당은 설탕보다 저렴하다. 하지만 맛은 향이 없는 꿀에 가깝다.

꿀은 과당, 포도당, 맥아당, 자당의 과포화 용액이다. 물과 당분은 총중량의 99.5%에 달한다. 나머지 0.5%에는 단백질, 아미노산, 비타민, 미네랄이 혼합되어 있지만, 그 양은 영양소의 일일 권장량에 비교하면 매우 적은 양이다. 꿀은 과당 25~44%, 포도당은 24~36%이며, 다른 당분은 중량 기준으로 9% 미만이다.

자당 시럽에 소량의 산을 넣어 가열하면 과당과 포도당을 분리할 수 있다. 완성된 전화당 시럽은 원래 자당 시럽보다 약간 더 달콤하며 결정화될 가능성이 적다. 두 가지 특성은 산을 포함한 과일을 넣어 만드는 잼과 젤리를 만들 때 사용된다.

사탕

용액은 항상 액체 상태는 아니다. 단단한 사탕은 설탕, 물, 향신료의 고체 용액이다.

설탕 결정이 천천히 크게 형성되는 락 캔디는 용액이 아니다. 그러나, 롤리팝, 막대사탕, 기타 투명하고 단단한 설탕으로 만든 사탕은 설탕으로 만든 유리와 같은 형태다. 단단한 사탕을 만들 때 설탕이 불투명하고 거친 질감이 되지 않도록 몇 가지 비결이 있다. 옥수수 시럽과 설탕을 함께 사용한다. 녹말을 전환하고 남은 포도당 사슬은 결정화를 방지하는 데 도움이 되기 때문이다. 타르타르산 또는 구연산 같은 산은 자당을 과당과 포도당으로 전환하는 데 사용된다. 용액에 서로 다른 두 개의 단당을 함유하면 순수한 물질에서 가장 잘 발생하는 결정화를 방지하는 데 도움이 된다.

물, 설탕, 옥수수 시럽, 산은 물의 양이 조금만 남을 때까지 조리한다. 용액이 끓으면 과당과 포도당이 다시 수크로오스로 결합하는 것을 방지하기 위해 더 이상 젓지 않는다. 냄비의 내부에 형성된 수크로오스 결정이 있다면 제거한다. 이는 결정을 형성하는 '씨앗'의 역할을 하며 사탕 전체를 거칠어지거나 모래같이 질감으로 변하게 할 수 있기 때문이다.

향료를 너무 빨리 첨가하면 끓어오르기 때문에 보통 혼합물을 물에 떨어뜨렸을 때 굳으면서 갈라지는 단계(310℉, 154℃)까지 조리되면, 향료를 넣기 전에 275℉(135℃)로 식힌다. 그다음 바닐라 또는 민트오일 등을 넣고 저어준다.

완성된 혼합물은 결정화가 진행되지 않도록 신속하게 냉각한다. 보통 대리석이나 뒤집은 베이킹 팬 위에 올려 빠르게 식힌다.

빠른 냉각은 분자들을 제자리에서 동결하여, 결정질 배열로 재배열할 시간을 주지 않는다.

리큐어

액체는 다른 액체에 용해될 수 있다. 일부 액체는 앞서 설명한 고형물질과 같은 역할을 한다. 일정량만 용해되어 용액이 포화되면, 더 이상 용해되지 않고 액체는 두 단계로 분리된다.

에탄올과 물과 같은 다른 액체들은 어떤 비율로든 서로 용해된다. 즉, 서로 완전히 섞일 수 있다고 한다. 에탄올과 물의 이러한 특징 때문에 알코올 함량 1% 미만에서 100%까지 모든 범위의 주류 생산이 가능하다.

많은 맛의 요소들은 무극성 기름과 지방이다. 기름과 지방은 극성이 아니기 때문에 물보다 알코올에서 더 잘 녹는다. 알코올이 충분하지 않으면

(물이 너무 많으면), 용액에서 분리된다. 즉, 압생트(Absinthe, 역자: 술 종류의 하나)가 탁해지거나 기름이 액체 표면에 떠오르기 시작한다. 분리된 압생트를 얼음이 담긴 유리잔에 담으면, 얼음이 녹으면서 아로마 오일을 좀 더 강하게 느낄 수 있는 장점이 있다.

반대로 설탕은 알코올보다 물에 더 잘 녹는다. 알코올과 물, 두 종류의 용매를 함께 넣어 음료를 만들면 물에 녹지 않는 아로마 오일과 향료도 즐길 수 있다.

7

결정화

Crystallization

결정화는 음식 준비와 저장뿐 아니라 가정에서 먹는 재료를 만들고 개선하는 데 중요한 작업이다.

결정화는 설탕과 지방을 정제하는 데 사용된다. 아이스크림, 폰던트, 퍼지, 초콜릿과 같은 음식의 질감을 바꾸는 역할을 한다. 음식을 냉동할 때 결정화 정도를 조절하는 것은 중요하다.

밀크 초콜릿과 다크 초콜릿이 부서지는 모양이 다른 이유는 두 가지 초콜릿에서 코코아 버터가 결정화되는 방식이 다르기 때문이다. 초콜릿은 매우 작은 결정을 많이 만들기 위해 냉각하면서 '템퍼링'한다. 부적절하게 보관된 초콜릿에서 때때로 형성되는 흰색 번짐 모양은 코코아 버터의 결정이 다른 종류의 결정으로 변하면서 생긴 결과이다.

아이스크림은 수십억 개의 얼음 결정의 수가 리터당 평균 40미크론이기 때문에 부드럽다. 시간이 지날수록(아이스크림을 집에 있는 냉동실에서 오래 보관하는 경우) 얼음 결정이 점점 커져 질감이 거칠어지게 된다.

결정이 형성될 때, 특정 화합물의 분자가 밀접한 주기 순서로 배열된다. 다른 화합물의 분자가 너무 크거나 작은 경우 및 서로 다른 화합물과는 결합하지 않는다. 따라서, 결정은 순수한 물질이다. 결정화 작업은 정화하는 방법의 하나다.

순수한 물질은 특정 온도에서 녹는다. 순수한 결정이 아닌 여러 결정의 혼합물로 이뤄진 고체는 한 번에 녹지 않고 넓은 온도 범위에서 점차 부드러워진다. 물질을 가열하면서 녹는 온도를 보면 순수한 물질인지 혼합물인지 알 수 있다. 녹는점이 분명하게 있다면 순수한 물질이라고 할 수 있다.

순수한 코코아 버터는 입 안의 온도인 97~99℉(36~37℃)의 매우 좁은 범위에서 녹는다. 입보다 차가운 손에서 다크 초콜릿(순수한 코코아 버터의 지방)은 녹지 않는다. 다크 초콜릿에 다른 지방(버터지방 등)이 혼합되어 넓은 범위에서 잘 녹는 밀크 초콜릿은 손에서 잘 녹아 끈적거리게 된다.

코코아 버터에는 세 가지 주요 지방(이 경우, 단일 불포화 트리글리세리드)만 포함되어 있으며, 우유의 유지방에는 400가지 이상이 포함되어 있다. 따라서 코코아 버터는 유지방보다 훨씬 좁은 온도 내에서 녹는다. 이러한 내용을 이해하면 녹는점과 발림성(표면에 고루 발리는 성질)을 고려해 레시피를 만들 수 있다. 코코아 버터는 잘 펴 발라지지 않으나 버터지방을 첨가하면 토스트나 크래커에 코코아 버터를 쉽게 발라 먹을 수 있다.

설탕 결정

설탕은 사탕수수 시럽을 정제한 큰 결정이다. 결정과 남은 액체의 혼합물은 원심 분리기에서 액체를 분리하여 결정만 남긴다. 큰 결정은 작은 결정보다 물이 머무를 표면적이 적기 때문에 작은 결정처럼 액체가 많이 남아 있지 않다.

혀의 미각은 15미크론의 작은 설탕 결정의 입자를 느낄 수 있다. 폰던트, 캐러멜, 퍼지가 부드럽고 크림 같은 질감이 되려면 설탕 결정이 최소 15미크론보다 작아야 한다.

결정의 크기 조절

아이스크림, 초콜릿, 캐러멜, 폰던트, 퍼지, 버터, 마가린 같은 음식에서 결정의 크기는 질감과 농도에 영향을 미치는 중요한 요소이다. 지방, 얼음, 설탕 내의 결정의 크기를 조절하는 것이 조리법의 핵심이다.

아이스크림을 만들 때 얼리면서 계속 저어야 한다. 용기의 가장자리에서부터 형성된 얼음 결정을 긁어내 액체 상태인 가운데로 섞는다. 결정의 형성은 냉각 속도와 우유 단백질의 영향을 받는다. 우유 단백질은 얼음 결정 주변을 감싸 물 분자가 더 붙지 않도록 제어한다. 비슷한 방식으로 아이스크림의 유당 결정은 아이스크림을 감싸는 단백질이 근처의 다른 유당 결정과 결합하는 것을 방지한다.

자당, 유당, 유지방의 결정은 혀로 느낄 정도의 더 큰 얼음 결정으로 형성되는 것을 방지한다.

냉동 과정의 속도가 결정 크기에 가장 큰 영향을 미치기 때문에 액체 질소로 아이스크림을 만드는 것은 결정을 작게 유지하는 좋은 방법이다. 필자가 가장 좋아하는 조리법 중의 하나는 (너무 간단해서) 트위터에 올릴 수 있을 정도로 짧다.

'하프앤하프 1갤런(3.78ℓ), 설탕 2컵, 바닐라 4큰술. 천천히 저으면서, 1갤런(3.78ℓ)의 액체 질소를 넣는다. 32인분'

페인트 혼합 장치가 달린 휴대용 전기 드릴로 젓는다. 그럼, 매우 부드럽고 크리미한 아이스크림이 완성된다(필자는 첫 번째 시도에 생크림을 사용했었고, 역겨울 정도로 진한 맛이어서 한 숟갈도 너무 많게 느껴질 정도였다).

초콜릿을 만들 때, 초콜릿을 템퍼링하는 과정을 통해 작은 결정을 만든다. 결정 형성 속도는 냉각 속도에 의해 제어된다. 빠른 냉각은 작은 결정이 형성되고, 천천히 냉각하면 큰 결정이 형성된다. 결정이 너무 크면 초콜릿이 탁하고 거칠고 초콜릿의 부드러운 광택이 없다. 템퍼링은 결정이 β(V) 형태 또는 β(VI) 형태가 될지 조절한다. 첫 번째 형태는 원하는 광택 표면을 만들고 두 번째 형태는 높은 온도에서 보관된 초콜릿에서 나타나는 하얀 번짐 같은 '팻 블룸(fat bloom)'을 유발한다. 일부 조리법에서 유지방을 넣어 팻 블룸을 방지하는데, 이는 다양한 유형의 트리글리세리드를 혼합물에 첨가하여 재결정을 방지하는 효과이다.

그러나 때로는 큰 결정이 필요할 때가 있다. 시중에 판매 중인 많은 종류의 소금은 물에 녹아 있을 때 구분하기 어렵다. 주요 차이점은 결정의 크기와 결정이 서로 붙어 있는 방식이다. (때때로 색소나 향료가 더해져 불완전한 결정이 형성될 때도 있으나) 락 캔디는 거대한 설탕 결정일 뿐이다.

8

단백질 화학

Protein Chemistry

단백질은 폼과 유화의 안정화 및 단단한 젤 형성 등 음식과 조리법에 많은 영향을 미친다. 단백질에 대해 조금 더 알면 레시피를 설계 및 수정하고 문제를 해결하는 데 도움이 된다.

아미노산

단백질은 아미노산으로 구성된다. 아미노산은 가운데에 탄소를 두고 한쪽 끝에 카복실기(COOH)가 있고 다른 쪽 끝에 아미노기(NH_2)가 있다. 가장 간단한 아미노산은 글라이신(glycine)이다.

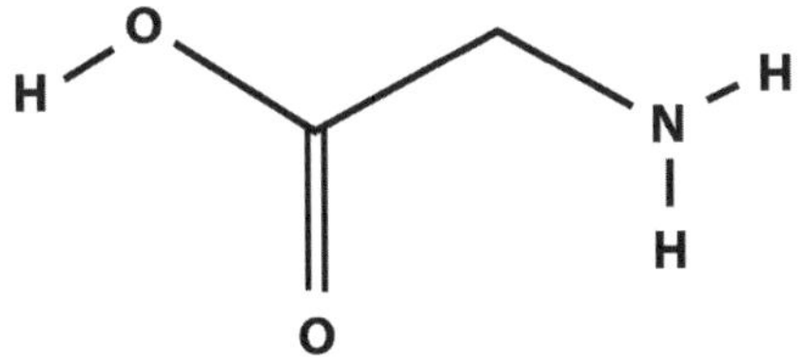

왼쪽 끝에는 산소에 수소가 붙어 있고, 오른쪽 끝에는 수소가 붙어 있다. 아미노산은 서로 물 분자를 잃으면서 끝과 끝이 연결된다. 이때 물 분자는 왼쪽에 OH, 오른쪽에 H가 위치한다.

예를 들면, 두 개의 글라이신이 결합하여 디글라이신(diglycine)을 형성할 수 있다. 아래의 첫 번째 그림에서 상자는 두 개의 글라이신이 결합되는 곳을 보여준다.

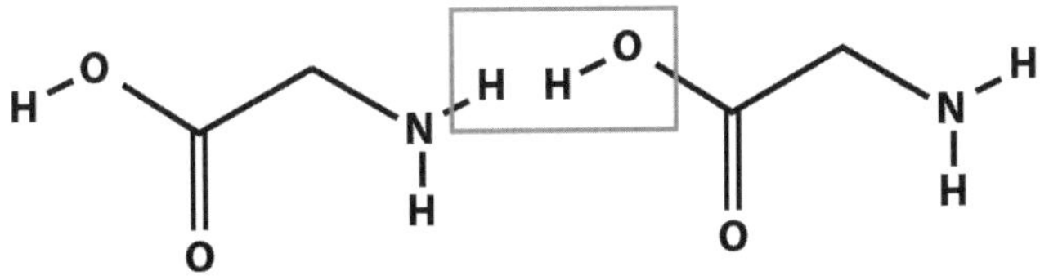

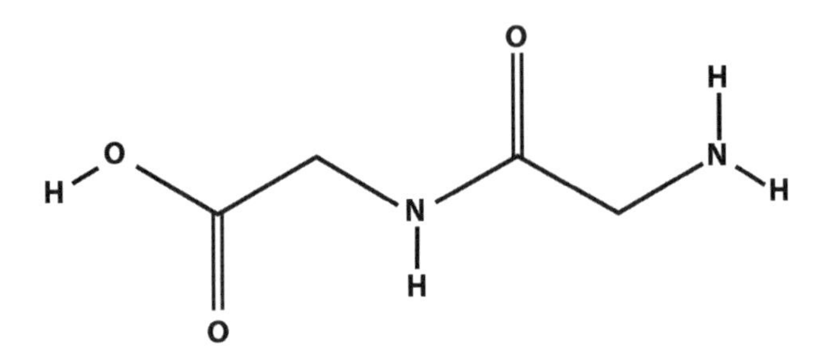

이런 종류의 결합을 펩타이드 결합이라고 하며, 매우 강하다. 이런 식으로 몇 개의 아미노산만 결합하면 그 분자는 폴리펩타이드(polypeptid)이며, 더 긴 폴리펩타이드를 형성하면 단백질이 된다.

우리 몸을 구성하는 단백질과 우리가 먹는 음식에는 약 22개 종류의 아미노산이 있다. 이 아미노산들은 질소 바로 옆에 있는 탄소에 붙어 있는

화학시간 : 4가지 단백질 구조

단백질 내의 아미노산 배열은 단백질의 1차 구조다. 1차 구조를 끈으로 꿴 구슬로 가정하면, 각각의 구슬은 아미노산이다.

일부 아미노산에서는 질소 옆의 탄소 원자에 원자의 긴 사슬이 붙어 있다. 이 사슬들은 서로 각자의 방식대로 결합하여 2차 구조를 생성한다. 2차 구조는 나선형으로 꼬여있는 알파 나선 구조와 끈을 꿴 구슬이 평행하게 결합하여 시트를 형성하는 베타 병풍구조가 있다. 이 두 가지 형태는 수소 결합으로 서로 결합되어 있다(50쪽 참조).

단백질의 3차 구조는 접히면서 형성되는 입체구조다. 수용성 단백질의 3차 구조는 일반적으로 구형 또는 구형에 가까운 형태다. 앞서 설명했듯이 달걀 알부민은 구형이다. 모양 때문에 구체 단백질을 총칭하는 구상 단백질이 있다. 결합 조직의 콜라겐, 힘줄, 동맥의 엘라스틴, 머리카락, 발굽, 손톱의 케라스틴과 같은 불용성 단백질은 섬유상 3차 구조를 가지고 있다.

일부 단백질은 다른 분자와 결합하여 복합 단백질을 형성한다. 예를 들어, 세포의 핵에서 단백질은 핵산과 결합하여 핵단백질을 형성한다.

것에 따라 구별된다. 글라이신의 경우, 한 개의 수소 원자만 있다.

단백질은 소량의 탄수화물과 결합하여 당단백질을 형성하거나, 약 4% 이상의 탄수화물과 결합하여 점성단백질을 생성할 수 있다. 지방과 결합하면, 지단백질이다. 이러한 조합의 구조적 특성은 단백질의 마지막 구조인 단백질의 4차 구조를 생성한다.

단백질 변성

자연 상태의 달걀 알부민 및 우유 카세인과 같은 단백질은 물에 녹는다. 수소 결합을 형성하는 부분은 단백질의 접힌 구조 내부에 들어가 있어 다른 분자와 결합을 할 수 없다. 모두 같은 모양이므로, 모두 같은 성질을 가지고 있으며 결정을 형성할 수 없다.

이러한 속성을 파괴하는 몇 가지 방법이 있다. 열, 산, 강알칼리, 알코올, 요소, 살리신산염(salicylate), 자외선은 단백질이 변성되는 일반적인 방법이다.

변성 단백질은 단백질의 3차원 구조를 유지하는 수소 결합이 끊어지는 만큼 펼쳐진다. 같은 모양의 분자로 구성된 균일한 용액과 달리, 변성 단백질은 (단백질 분자 크기에 따라, 약 1,020개의) 매우 다양한 종류의 다른 모양이 가능하다. 눈송이처럼 분자의 모양이 같은 경우는 거의 없으며, 규칙적인 결정 형성을 하지 않는다.

펼쳐진 분자들은 더 많은 결합을 형성할 수 있는 외부에 노출되어 있으므로, 서로 결합하고 응고된다. 변성 단백질은 물에 녹지 않는다.

표면효과가 단백질을 변성시키는 것을 본 적이 있을 것이다. 달걀흰자나 휘핑크림을 저으면 단백질은 공기와 지방을 좋아하여 물을 피하는 소수성 부분이 재배열되면서 펼쳐진다. 그다음 펼쳐진 단백질은 서로 결합하여 새로운 형태를 원하는 모양으로 유지하는 안정화된 단백질막을 만들 수 있다.

요리할 때, 여러 가지 방법으로 단백질의 변성을 제어할 수 있다. 온도와 산도를 제어하고, 이황화 결합 형성을 위해 구리 그릇을 사용하여 달걀을 젓기도 하고, 단백질을 저을 때 지방 또는 공기 함량을 조절할 수 있다.

예를 들어, 달걀흰자를 휘핑할 때 달걀흰자에서 지방을 제거하는 것은 중요하다. 약간의 기름이나 달걀노른자는 공기가 분자의 소수성 부분을 차지하기 위해 지방과 경쟁 관계가 되므로 안정된 폼을 만드는 데 방해가 된다.

단백질은 산성과 염기성을 모두 가지고 있기 때문에 단백질을 함유한 용액의 산성도는 많은 영향을 미친다. 산성은 양성자(수소핵)를 방출하고 염기성은 양성자를 받아들인다. 산성 용액에서 단백질의 염기성 부분은 산성 용액에서 양성자를 받아들이고 양전하를 띠게 된다. 양전하가 서로 밀어내고 단백질 분자가 서로 결합할 가능성이 적다.

알칼리 용액에서 단백질의 산성 부분은 양성자를 잃고 음전하를 띠게 된다. 이로 인해, 단백질 분자 사이를 밀어내게 되어 결합이 감소한다.

전하를 띠는 단백질은 물 분자에 반응하게 된다. 물은 극성 분자이기 때문에 한쪽은 음전하, 다른 한쪽은 양전하를 띠게 되며, 단백질의 반대 전하에 끌린다. 따라서 단백질의 젤 형성 여부는 용해된 물의 산도에 영향을 받는다.

우유

우유 단백질의 80% 정도가 카세인 단백질이다. 카세인에는 아미노산 중의 하나인 프롤린(proline)이 풍부하며, 프롤린이 있는 곳마다 단백질이 구부러지도록 하는 곁사슬이 있다. 곁사슬로 인해 단백질이 규칙과 질서가 있는 2차 구조로 쌓이지 않는다. 또한 카세인에는 이황화 결합이 없기 때문에 3차 구조가 거의 없다. 이는 분자의 소수성 부분이 (구형에 갇혀있지 않고) 바깥으로 노출되어 있다는 의미이다.

이러한 특징으로 인해 카세인은 흥미로운 특성이 있다. 소수성 부분은 끝으로 모두 이동하고, 친수성 부분은 물을 향해 외부로 배열된다. 이 작고 털 달린 공같이 생긴 것을 마이셀(micelles)이라 부른다.

카세인은 칼슘과 인과 함께 결합한다. 뼈를 생성해야 하는 어린 포유류에게 필요한 유용한 영양소다. 카세인이 없으면 인산칼륨은 용해되지 않는다. 우유의 기본 용액 중 카세인의 친수성 부분은 음전하를 띠고 서로를 밀어낸다. 이로 인해 우유가 액체 상태로 유지된다. 그러나, 카세인은 음전하를 막는 산과 단백질을 작게 자르는 효소를 만나 위에서 응고된다. 이 응고는 단백질이 위에서 더 오래 머무르게 하여 아미노산을 천천히 내보내어 단백질의 소화와 흡수를 돕는다.

어린 포유류의 위에서 효소는 마이셀을 분리시키는 음전하를 가진 수용성 카세인(카파 케이신, kappa-casein)의 일부를 차단한다. 치즈를 만들 때 어린 송아지의 위에서 추출한 효소는 카세인을 응고하는 데 사용된다.

달걀

달걀의 단백질은 달걀로 조리하는 음식의 특성에 크게 영향을 미친다. 이러한 단백질의 다양한 특성을 이해하면 요리를 하거나 새로운 요리를 만들 때 도움이 될 수 있다.

팬에 달걀을 깨 넣으면 노른자, 묽은 흰자, 걸쭉한 젤 같은 흰자를 볼 수 있다.

달걀흰자는 단백질이 탄수화물에 붙어 있는 여러 점성단백질이 포함되어 있다. 달걀에서 이 부분의 역할은 배아를 성장시키는 영양소이며 보호하는 역할을 한다.

달걀흰자 단백질의 절반 이상은 오브알부민(ovalbumin)이다. 176℉(80℃)에서 변성되어 아침 식사에서 볼 수 있는 단단한 흰색 덩어리를 형성한다.

달걀흰자에서 다음으로 가장 많은 단백질은 오보트랜스페린(ovotrans ferin)이며, 콘알부민(conalbumin)이라고도 한다. 달걀흰자 단백질의 약 12%를 구성하며, 약 145℉(63℃)의 낮은 온도에서 변성된다.

세 번째 단백질은 약 11%를 구성하고 있는 오보뮤신(ovomucin)이다. 노른자 근처에 있으며 다른 단백질과 혼합되어 두툼하게 형성되어 있다.

달걀을 깼을 때, 흰자의 묽은 부분에는 오보뮤신이 적게 함유되어 있고, 흰자의 두툼한 부분에는 2~4배 더 많이 함유되어 있다. 오보뮤신은 달걀흰자의 주요 젤화제이다.

달걀흰자를 가열하면, 가장 먼저 변성되는 단백질은 오보트랜스페린이다. 오보트랜스페린이 펼쳐지면서 이미 펼쳐진 오보트랜스페린 분자뿐만 아니라 변성되지 않은 다른 단백질과 결합한다. 가열해도 응고되지 않는 오보뮤신 분자는 젤화제의 기능을 하여 오보트랜스페린 및 오브알부민과 함께 섞일 수 있다.

나머지 단백질은 달걀흰자의 25% 미만을 차지하며 그중 일부만 소개해본다. 아비딘(Avidin)은 달걀흰자에서 극소량(0.1% 미만)만 함유되어 있지만, 필수 영양소 바이오틴(biotin)(비타민 B_7)과 강하게 결합하여 바이오틴의 흡수를 방해한다. 이 효과는 단백질이 열이나 젓는 동작에 의해 변성되면서 파괴되지만 날달걀 흰자가 많이 들어가는 음식에서는 문제가 될 수도 있다.

육류

생고기는 각각의 작은 근섬유가 단단한 결합 조직으로 둘러싸여 있기 때문에 질기다. 결합 조직은 끓이면 젤라틴을 생성한다.

고기가 익으면 질긴 결합 조직이 변성되어 부드러운 젤라틴이 된다. 근섬유의 단백질도 변성이 된다. 결합 조직에 있는 효소는 변성되면 그 기능을 잃게 되어, 조리된 고기는 생고기보다 오래 보관할 수 있다.

고기가 너무 익으면 물이 끓으면서 근섬유다발 내의 젤라틴을 감싸고 있는 막이 터지면서 마른 고기 같은 질감으로 변한다. 고온에서 단백질은 추가 변성 및 교차 결합을 하여 고기를 질기게 변화시킨다. 바삭한 베이컨이 그 좋은 예다. 두껍고 육즙이 많은 스테이크를 베이컨처럼 단단하게 익히면 질겨서 먹을 수 없게 된다.

효소

식품 내의 효소는 식품 저장에 문제가 될 수 있다. 세포가 무너져 열리면 내부의 효소가 방출되면서 식품의 다른 부분과 반응한다. 이로 인해 과일과 채소에 갈색 반점이 생기고 고기의 냄새와 맛이 나빠진다. 또한 상한 부분은 부패 미생물을 유발한다.

효소를 변성시키면 음식 보존을 오래 할 수 있다. 가열은 효소를 변성시키는 일반적인 방법의 하나이지만, 단백질은 산, 강알칼리, 건조, 소금에 의해 변성될 수 있다.

쇼트닝

밀가루와 물을 섞어 반죽하면 글루텐 시트가 형성된다. 계속 반죽하면 서로 달라붙어 글루텐 시트가 점점 더 커진다.

기름이나 지방을 넣으면 글루텐의 소수성 아미노산이 지방에 붙어 다른 글루텐 분자와 결합을 할 수 없다. 이것은 반죽의 성질을 바꾸어 반죽이 더 부드러워지고 발효 가스의 기포를 가두기 어렵게 된다.

그 결과 빵보다는 케이크에 더 가까운 질감이 된다.

글루타메이트(Glutamate)

음식의 맛에 강한 영향을 주는 아미노산이다. 이를 글루탐산(glutamic acid)이라 하고, 글루탐산의 염을 글루타메이트라고 한다.

글루타메이트는 뇌의 풍부한 신경 전달 물질이면서 풍미가 좋은 단백질이 풍부한 음식을 느낄 수 있도록 혀의 미각을 활성화한다. 육류, 가금류, 생선, 치즈, 간장은 글루타메이트의 풍부한 공급원이다. 순수한 글루타메이트를 상업적으로 만든 글루탐산모노나트륨(monosodium glutamate, MSG)으로 많은 식품에 첨가제로 사용되고 있다.

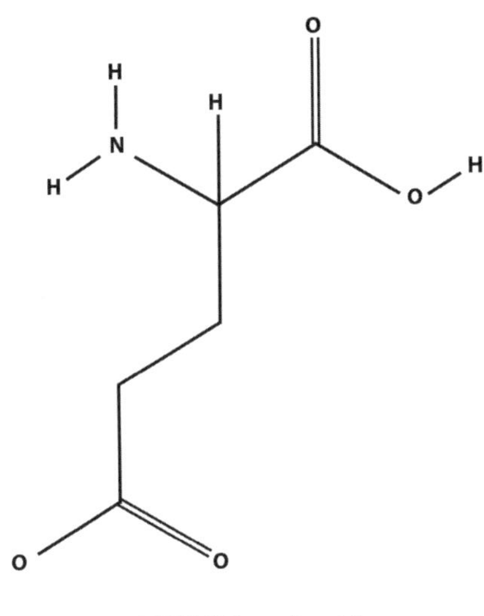

글루탐산(Glutamic acid)

치즈

치즈는 산과 송아지의 위에서 추출한 효소인 레닛을 첨가하여 우유를 응고시켜 만든다. 산은 거의 모든 식품 공급원에서 나올 수 있지만, 대부분은 우유의 유당을 젖산으로 전환하는 박테리아에 의해 생성된다. 요거트도 같은 방식으로 생산된다.

치즈는 레닛 없어도 만들 수 있지만 효소는 커드를 더 단단하게 만드는 역할을 한다. 레닛은 우유를 적은 양의 산으로 응고되게 하여 풍미를 만드는 박테리아가 커드 내에서 번식하도록 한다. 레닛으로 만든 치즈는 잘 녹고 산으로만 만든 치즈는 고온에서 고체 상태를 유지한다.

커드를 염장하고 수분을 압축하여 만든 치즈는 우유보다 박테리아의 위험이 적다. 따라서 치즈제조는 우유를 오래 보존하는 방법이라 할 수 있다.

추수감사절 칠면조

칠면조를 먹기 전날 아침에는 일찍 일어나야 한다. 당일은 밤새도록, 다음 날에도 거의 하루 종일 요리해야 하기 때문이다. 칠면조는 총 36파운드(16.3kg)로 파운드당 1시간 동안 요리해야 한다.

낮은 온도에서 요리할 예정이므로 칠면조에서 해로운 것이 생기지 않도록 몇 가지 간단한 조치를 취해야 한다.

속에 채울 스터핑은 달콤한 산성으로 박테리아 증식을 막을 수 있다. 말린 과일과 견과류는 박테리아 성장을 돕지 않으며, 해로운 박테리아를 방지하는 법은 잠시 후에 설명할 예정이다. 이런 주의사항은 칠면조를 어떻게 요리하든 상관없이 좋은 팁이다.

재료

- 버터 : 1파운드(453.5g)
- 피핀 사과 : 5~8개
- 말린 복숭아(또는 살구) : 2컵
- 세로로 길쭉하게 자른 아몬드 : 4컵
- 아몬드 슬라이스 : 4컵
- 말린 체리 : 2컵
- 시중 판매용 스터핑 믹스 : 2박스(1개당 약 12oz)
- 달걀: 2개
- 애플사이다 : 1쿼트(0.95ℓ)
- 칠면조 : 20~40파운드(9~18kg)
- 과산화수소 : 2쿼트(1.9ℓ)
- 베이컨 : 4파운드(1.8kg)

조리도구

- 파이렉스 볼 4쿼트(3.8ℓ)
- 큰 볼
- 큰 스푼
- 금속 또는 대나무 꼬치(또는 끈)
- 캐서롤 접시(채식주의자용 스터핑용)
- 종이봉투
- 온도계(또는 2개)

4쿼트 파이렉스 볼에 버터를 넣고 전자레인지에 녹인다. 사과 씨를 제거하고 각설탕 크기로 사과를 자른다. 잘게 썬 사과는 녹인 버터와 섞는다. 버터는 자른 사과 표면이 갈색으로 변하는 것을 방지한다.

복숭아를 잘게 다지고, 사과와 섞는다.

과일과 견과류를 큰 볼에 담는다.

스터핑 믹스 두 박스를 넣는다. 필자의 경우, 콘브레드 스터핑 믹스 한 개와 트레디셔널 믹스 한 개를 사용하는 것을 선호한다. 큰 스푼으로 재료를 잘 섞는다.

달걀 두 개를 넣고 잘 섞어 스터핑 재료에 잘 스며들게 한 후, 사과 사이다를 넣는다.

드디어 스터핑이 완성되었다. 아마 지금까지 먹어본 스터핑 중 최고의 맛이라 계속해서 맛보게 될 것이다. 조리 없이 먹어도 되는 스터핑이다.

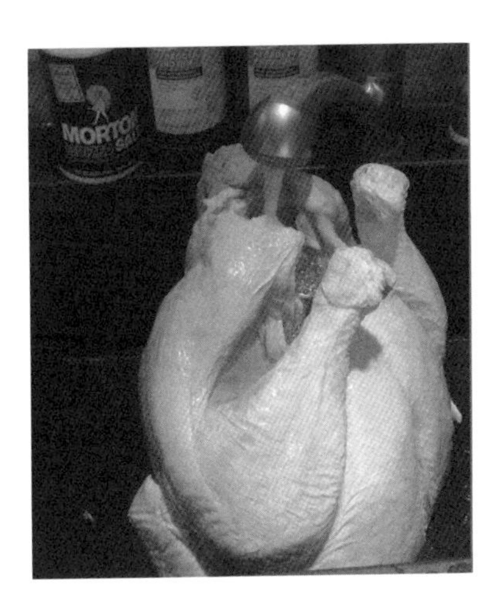

이제 칠면조를 씻고 살균할 준비를 한다. 뜨거운 물로 칠면조의 안과 밖을 헹군다. 칠면조 안쪽에 소금 한 줌을 넣고 문질러 준다. 소금을 헹구어 내고, 과산화수소로 안팎을 살균한다. 과산화수소를 칠면조 안에 넣고 몇 분간 그대로 둔다. 과산화수소는 칠면조 안팎의 모든 박테리아와 곰팡이를 물과 산소로 분해하여 죽인다. 산소거품이 칠면조를 살균하는 것을 눈으로 확인할 수 있다.

칠면조에 남아있는 과산화물을 별도로 헹구지 않는다. 싱크대에서 칠면조를 기울이면 대부분의 과산화물은 나오지만 내부에는 약간 남아 있다. 이는 산소를 제공하여 보툴리누스중독증을 일으키는 박테리아 성장을 방지한다.
이제 칠면조의 속을 채운다. 안을 빽빽하게 채워 넣는다.

금속 또는 대나무 꼬치로 구멍을 막는다. 어떤 사람들은 끈으로 묶기도 하지만 경험상 꼬치가 구멍을 막기에 좀 더 효과적이었다.
이제 칠면조 겉면을 베이컨으로 바구니를 짜듯이 모양을 만들어 덮어 준다. 필자는 간단하게 한 겹으로 했지만, 매년 손님들은 더 많은 베이컨을 요구한다. 잠시 후 왜 그렇게 인기가 많은지 알게 될 것이다.

칠면조 크기에 따라 채식주의자 친구들을 위한 캐서롤의 양이 정해질 것이다.

깨끗한 종이봉투를 잘라서 칠면조를 덮는다. 이렇게 하면 오븐에 튀는 것을 방지하고 요리할 때 증기가 칠면조 주변에 머무르게 할 수 있다.

필자는 두 개의 온도계를 사용하는 것을 좋아한다. 주로 하나는 가슴살용으로, 다른 하나는 다리용으로 쓴다. 어차피 칠면조가 완전히 조리되면 두 개 모두 동시에 확인해야 하므로 중요하지 않다. 단지 중복 확인이 좀 더 안심이 된다.

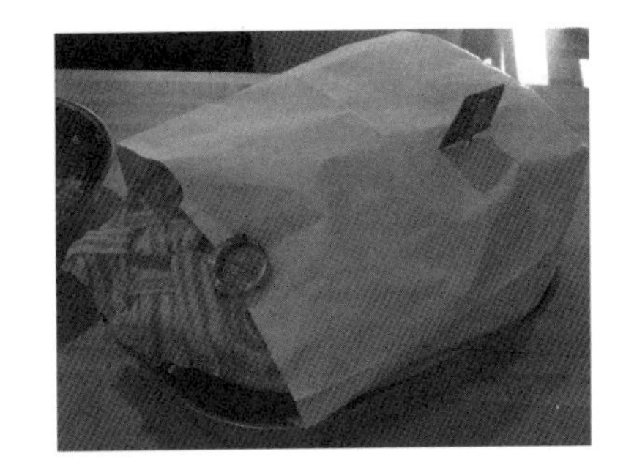

36파운드의 칠면조는 큰 오븐에 간신히 들어갈 것이다.

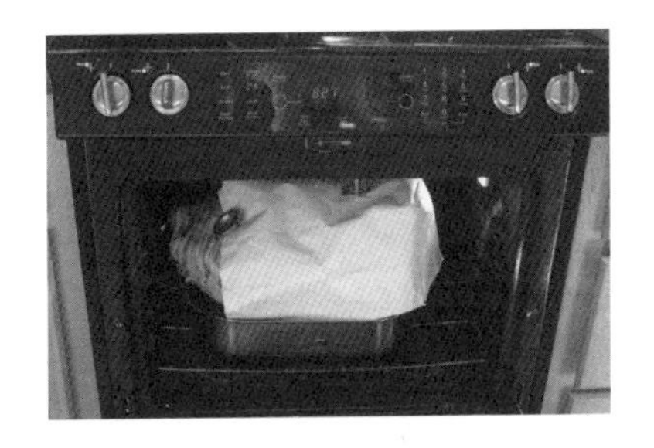

촉촉하고 부드러운 칠면조를 만드는 비결은 물의 끓는점보다 낮은 온도에서 조리하는 것이다. 칠면조가 다 익었을 때 원하는 온도보다 약간 높은 온도에서 마무리한다. 필자는 205℉(96℃)에서 주로 조리한다.

칠면조를 350℉(176℃)에서 먼저 두 시간 동안 조리하여 칠면조의 외부를 살균한 후, 205℉(96℃)로 온도를 낮춘다.

모든 고기에서 근세포 다발은 단단한 결합 조직으로 둘러싸여 있다. 고기를 부드럽게 만들려면 결합 조직에서 젤라틴이 녹아 나올 때까지 온도를 높인다. 하지만, 온도가 끓는점 이상으로 올라가면 증기는 작고 부드러운 젤라틴을 감싸고 있는 막을 터트려, 조리 중에 모두 흘러나오게 된다.

칠면조에 있는 해로운 박테리아가 없어질 때까지 충분히 익혔으므로, 일반적으로 가금류를 조리하는 온도보다 좀 더 낮은 온도에서 조리할 수 있다. 이 방법은 가슴살이 퍽퍽해지는 방지할 수 있다. 부드러운 가슴살을 맛있게 먹기 위해 필자는 150℉(66℃)로 조리한다.

그러나 이렇게 조리하면 다리살과 연골 주변 부분이 빨갛게 보여 일부 손님들은 거부감을 느낄 수 있다. 모두를 위해 칠면조를 160℉(71℃) 또는 170℉(77℃)로 익히면 가슴살이 약간 퍽퍽해질 수 있으나 다리살은 촉촉하고 부드럽다. 맛있는 다리살을 위해, 이 정도는 양보할 수 있다.

칠면조는 저녁 식사를 시작하기 몇 시간 전에 완성되어야 한다. 그럼, 칠면조와 함께 곁들일 요리를 위해 오븐을 사용할 수도 있다. 이뿐만 아니라, 칠면조가 충분히 식어, 작은 젤라틴 덩어리는 젤로 변하여 고기를 자를 때에도 떨어지지 않는다.

필자는 손님들에게 베이컨을 떼어 먹을 수 있는 시간을 따로 준다. 우리만의 중요한 의식이기도 하지만, 베이컨을 모두 떼어내야 자르기 좀 더 편하다. 단단하고 부서지기 쉬운 베이컨을 모두 없애야 고기를 얇게 자를 수 있기 때문이다.

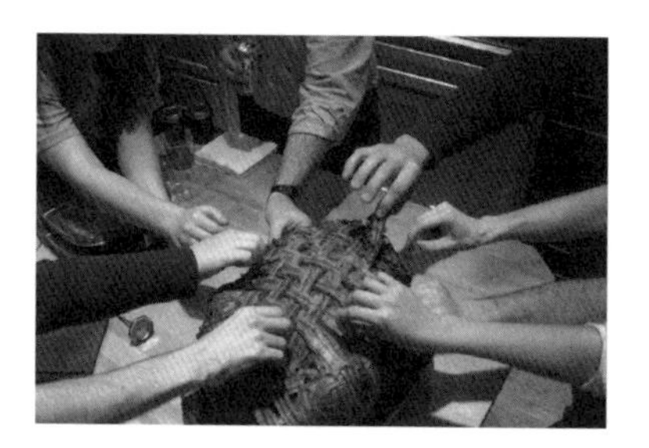

9

생물학

Biology

우리는 살아 있는 음식을 많이 먹는다. 신선하고 조리되지 않은 과일과 채소는 살아있는 세포로 구성되어 있으며 채취한 후에도 여전히 숨을 쉬고 있다. 하지만, 치즈, 요거트, 와인, 맥주, 피클, 사워크라우트, 올리브 및 기타 식품들은 미생물의 작용으로 만들어진다. 우리가 먹는 음식 내의 미생물은 그들의 역할을 하며 살아 있다.

무언가를 무균 상태로 유지하는 것이 얼마나 어려운지 생각해보면 거의 모든 것의 안이나 겉에 무언가가 살고 있다고 말할 수 있다. 대부분의 효모와 마찬가지로 대부분의 박테리아는 양성으로 해로운 것보다 유익한 품종이 더 많을 수 있다.

사워도우 스타터의 효모와 박테리아는 스타터를 만드는 데 사용된 밀가루에서 나온다(실제로 아주 작은 효모가 공기에 떠다니고 있다). 꿀벌은 꽃에서 꽃으로 효모를 운반하며 꿀을 먹는다.

열매가 열리면 설탕과 수분이 있는 과일의 껍질에서 효모가 자라기 시작한다. 포도의 가루 코팅 성분은 효모다. 포도를 으깨면 효모가 포도주스와 섞이고 발효되어 와인이 된다. 실제로 효모를 추가할 필요는 없지만, 일반적으로 천연 효모를 넘어서 일관된 제품 생산을 위해 첨가한다.

미생물에 의해 생산되거나 변형되는 대부분의 식품은 유기체에 맞게 환경을 조정하거나, 원하지 않은 유기체가 견디기 힘들게 한다. 피클의 경우, 젖산을 생산하는 박테리아가 오이의 당분을 섭취하는 해로운 품종을 저지할 수 있도록 소금을 첨가한다. 그런 다음 박테리아는 다른 생명체가 생기지 않도록 높은 산성으로 변화시켜 환경을 이롭게 한다. 하지만, 소금을 너무 많이 넣으면 해로운 효소가 자라 젖산을 섭취한다. 결국 해로운 효소가 더 많이 생길 수 있다.

온도, 수분, 산소와 같은 환경의 다른 요소들을 조절하여 음식 내에서 원하는 유기체를 선택적으로 잘 자라게 할 수 있다.

이스트

수천 년 동안 사람들은 미생물을 재배하고 있다는 사실을 모른 체, 이스트로 빵을 만들었다. 빵이 발효하게 하는 생명체는 현미경이 발명되고 나서야 발견되었다.

현미경으로 보면, 이스트는 박테리아와 같은 단일 세포로 보인다. 그러나, 박테리아와 달리 이스트는 모세포에서 싹을 틔우듯이 작은 이스트 세포를 생산하여 번식한다. 일부 이스트는 분리되지 않고, 싹이 모세포만큼 커지고 새로운 싹을 이어 만들어 긴 줄 모양의 세포들을 형성한다.

빵, 맥주, 포도주에 사용되는 이스트는 당을 먹고 번식한다. 밀가루에는 설탕이 거의 없지만, 익히지 않은 밀가루에는 밀가루의 전분 분자를 이스트가 먹을 수 있는 작은 당분자로 분해하는 효소가 있다. 밀가루에 물을 넣으면 효소가 작용하기 시작한다.

와인에서 포도의 당은 이스트를 먹여 살린다. 맥주에서는 곡물의 일부가 싹을 틔우고 싹이 트는 씨앗은 전분을 당으로 전환하는 효소를 많이 생산한다. 새싹은 갈아서 통에 담긴 다른 곡물에 첨가되고, 이스트는 효소의 작용에 의해 생산되는 당을 먹는다.

이스트가 당을 분해하여 알코올과 이산화탄소를 생성한다. 맥주에서 둘 다 필요한 요소이며, 와인의 경우, 와인을 병에 담기 전에 이산화탄소가 공기 중으로 빠져나가는 경우가 많다. 탄산 제품이 필요한 경우, 코르크로 막기 전에 설탕을 첨가하여 남은 효모가 더 많은 가스를 생성하도록 한다.

빵을 만들 때 필요한 것은 이산화탄소다. 알코올 역시 생산되어 고온에서 한 시간 동안 조리한 후에도 상당량의 알코올이 빵에 남아 있다. 이 알코올은 향분자를 용해시키고 빵의 향과 풍미를 향상시키기도 하지만, 빵을 만들 때에는 빵의 맛있는 질감을 위한 효모가 생성하는 가스의 양에 좀 더 집중할 필요가 있다.

요즘 빵은 일반적으로 상업적으로 생산한 이스트를 사용한다. 반죽에 첨가되는 많은 양의 이스트는 반죽 내의 다른 유기체보다 우월하게 작용하여 통제되지 않은 박테리아나 야생 이스트가 빵의 풍미에 영향을 미치지 않도록 한다.

효모는 반죽에서 글루텐의 작용을 변화시키는 트랜스글루타미나아제(transglutaminase)와 같은 효소를 생산한다. 더 많은 효소가 생성되고 글루테닌에서 많은 교차결합이 발생하여 반죽이 덜 늘어나고 질기게 만든다.

효모는 포도당, 자당, 맥아당 같은 작은 당에서 서식한다. 밀알에는 전분(저장된 에너지 공급원)을 맥아당과 포도당으로 분해하는 효소가 포함되어 있으며, 밀싹이 직접적으로 사용한다. 밀알을 갈아 만든 밀가루를 적시면 효소가 전분을 분해하여 효모는 당을 공급받을 수 있다.

효모는 자체 효소가 있다. 그중 말타아제는 맥아당을 두 개의 포도당 분자로 분해한다. 효모가 포도당을 섭취하면 이산화탄소와 알코올뿐 아니라 빵, 맥주, 와인에 풍미를 더하는 다른 많은 분자(알데히드, 케톤, 방향 알코올 및 다른 대사 부산물)도 생성된다.

사워도우

밀가루에 약간 물을 넣어 하루 동안 그대로 두면 밀가루의 미생물이 자라기 시작한다. 매일 더 많은 밀가루와 물을 매일 넣어 주면, 1주일 후에는 효모와 박테리아가 혼합되어 사워도우 스타터가 안정화된다.

실제로 스타터에 밀가루와 물을 더 추가할 때 절반은 버려야 한다. 밀가루에는 미생물이 먹을 수 있는 양이 많지 않으므로 스타터의 '사용된' 부분을 버리면 새로운 음식이 희석되는 것을 방지할 수 있다.

일주일이 지나 스타터가 안정되면 이제 사용해도 좋다. 빵을 만들고 남은 반죽 일부를 스타터 병에 넣어 먹이를 주면 다시 스타터를 만들 수 있다.

일반 제빵사가 사용하는 이스트는 산성이 강한 사워도우 스타터에서 살아남기 힘들다. 배양에서 산을 만드는 박테리아와 조화롭게 살아가는 다양한 야생 효모는 칸디다 밀레리(Candida milleri), 칸디다 크루세이(Candida krusei), 피치아 사이토이(Pichia saitoi), 사카로미세스 엑시구스(Saccharomyces exiguus)와 같은 유형이다. 이러한 내산성 이스트와 함께 원래 샌프란시스코의 사워도우 스타터에서 발견되었지만 후에 전 세계의 많은 사워도우 스타터에서 발견된 락토바실러스 샌프란시센시스(Lactobacillus sanfranciscensis)와 같은 산을 생성하는 박테리아를 성장시킨다.

박테리아는 이스트보다 작으며 대부분의 사워도우 스타터에서 박테리아와 이스트의 비율은 100대 1로 훨씬 많다. 칸디다 밀레리 효모는 맥아당을 먹을 수 없지만 박테리아는 먹을 수 있다. 이렇게 되면 둘 다 포도당을 먹어도 서로 많이 경쟁하지 않고 공존할 수 있다. 이 박테리아는 젖산, 아세트산과 사이클로헥시미드(cycloheximide)라 불리는 다른 항생제를 생산하여 경쟁 상대이자 잠재적으로 해로운 유기체를 죽이지만 공생관계의 효모와 박테리아는 그대로 둔다.

박테리아는 맥아당을 대사하면서 포도당을 생산하여 효모가 포도당을 대사할 수 있게 된다. 맥아당은 두 개의 분자가 결합되어 있으며 박테리아가 분리되면 포도당의 일부가 스타터로 빠져나간다.

락토바실러스 샌프란시센시스 외, 많은 종과 품종(종 내의 다양성)의 박테리아가 있다. 스타터 배양액에서 발견되는 다른 젖산균 종은 플란타럼(plantarum), 펜토서스(pentosus), 로시(rossi), 폰티스(pontis), 애시도필러스(acidophilus), 델브릭키이(delbrueckii), 헤테르히오키이(homohiochii), 힐가르디(hilgardii), 비르디센스(viridescens), 파니스(panis), 파스토리아누스(pastorianus), 오리스(oris), 바지날리스(vaginalis), 루테리(reuteri), 뷔히너(buchneri), 프럭티보란스(fructivorans), 살리바리우스(salivarius), 브레비스(brevis), 퍼멘텀(fermentum), 카제이(casei), 파라프랜타럼(paraplantarum) 등이 있다. 빵에 들어 있는 이 박테리아들은 곰팡이를 억제하고 방부제의 역할을 한다.

박테리아가 생존하려면 당 외의 다른 영양분도 필요하다. 그래서 밀가루에서 얻기 힘든 영양분은 죽은 이스트 세포에서 얻는다. 서로 필요로 하는 것을 제공함으로써 공생관계를 유지한다.

물론 그 배양에는 더 적은 수의 다른 많은 이스트와 박테리아가 자라고 있다. 주요 이스트와 박테리아가 산과 항생물질을 생산해서 견디기 쉬운 상황이 아니어도 일부는 잘 자라기도 한다.

요리사는 두 가지 유형의 미생물 성장을 조절할 수 있다. 박테리아는 풍미를 강하게 하거나 은은하게 할 수 있으며, 효모는 빵의 질감을 가볍게 할 수 있는 이산화탄소의 주요 공급원을 제공한다. 각 유형의 미생물에 대한 최적의 성장 조건을 이해하면 원하는 풍미와 질감을 조절할 수 있다.

칸디다 밀레리(이스트)는 광범위한 산도에 내성이 있다. 박테리아(락토바실러스 샌프란시센시스)는 pH5.5에서 가장 잘 자라며, 4.5 미만 또는 6.5 이상에서는 자라지 않는다. 스타터에 식초나 베이킹 소다를 첨가하면 효모가 자라게 하면서 동시에 박테리아를 제어할 수 있다(실제로 pH를 측정하여 원하는 범위에 있는지 확인할 수 있다). 박테리아는 일반적으로 4.5 이상의 pH 수준에서 효모보다 빠르게 번식한다.

박테리아는 약 90°F(32℃)에서, 이스트는 80°F(27℃)에서 빠르게 자란다. 이스트는 빠른 속도로 성장할 때 좋지 않은 풍미를 생성하기 때문에 성장 속도를 잘 자라는 온도보다 높거나 낮은 온도로 유지할 때 좋은 풍미의 빵을 만들 수 있다. 따라서, 박테리아가 필요한 경우, 90°F(32℃) 이상으로 시도하고, 이스트가 필요한 경우, 70~85°F(21~24℃)를 권장

한다. 좋은 풍미를 위해 90℉(32℃)에서 스타터를 키운 후, 75℉(23℃)에서 반죽을 발효시켜 효모가 빠르게 자라게 하는 방법도 있다. 스타터는 하루 동안 그냥 두어도 자랄 수 있지만, 빵이 부풀기를 기다리는 것은 쉽진 않다.

이스트는 박테리아보다 소금에 더 내성이 있다. 효모는 소금 농도 8%까지 자랄 수 있지만, 박테리아는 4%에서 죽는다. 빵은 많은 양의 소금을 사용하지 않지만, 스타터는 5:1 또는 6:1로 희석되므로 소금양을 실험해볼 수 있다. 소량의 소금을 첨가하면 사워도우에서 효모 성장을 촉진하는 것으로 나타났으며, 경쟁자인 박테리아를 제거함으로써 영양소를 두고 경쟁을 하지 않기 때문이다.

알코올 함량이 증가할수록 효모의 성장이 둔화되지만 알코올 함량 6%까지는 대부분의 세균은 영향을 받지 않는다(알코올 함량 8%에서 박테리아와 효모의 성장은 거의 멈춘다).

효모는 아세트산(박테리아가 혐기성 조건에서 박테리아가 젖산으로부터 생성)에 의해 강하게 영향을 받는 반면, 박테리아는 아세트산에 좀 더 강하다. 둘 다 젖산에 상당히 내성이 있다.

이 두 유기체가 공생 상태에서 잘 자라는 이유는 68~82℉(20~28℃) 온도와 약 4~5pH에서 성장 반응이 매우 비슷하기 때문이다. 사워도우의 스타터(특히 새로 만든)를 키울 때, 이 조건을 유지하면 안정된 공생관계를 유지하게 하고, 유해한 유기체를 잘 자라지 못하도록 한다. 스타터가 안정된 이후에는 다른 유형의 성장을 촉진시키기 위한 단기 조건 변화에도 잘 자랄 수 있다.

엔테로코커스 페갈리스(Enterococcus faecalis)와 페디오코커스 펜토사세우스(Pediococcus pentosaceus) 등의 박테리아가 스타터에서 번식할 때, 일부 단백질 분해 효소가 생성된다. 이들은 기포를 감싸는 데 필요한 글루텐을 분해하여 발효를 방해한다. 락토바실러스 박테리아도 글루텐을 분해하지만 단백질분해효소에 비해 영향력은 미세하다. 그럼에도 불구하고, 선별된 락토바실러스 박테리아는 밀가루의 글루텐을 분해하여 몸의 면역체계가 글루텐에 반응하면서 장을 공격하는 셀리악 병을 가진 환자가 먹을 수 있는 빵을 만드는 데 사용된다.

그러나 글루텐 단백질의 분해가 반죽에 나쁜 영향만 주는 것은 아니다. 일부 분해된 물질은 사워도우의 풍미와 향에 중요하며, 박테리아가 단백질을 분해하면서 식품에 필요한 질소를 제거하여 밀가루에 없는 필수 아미노산인 라이신으로 전환된다. 이로 인해, 빵의 영양가는 약간 강화된다.

요거트

따뜻한 우유에 락토바실러스 아시도필루스 박테리아를 첨가하면 요거트가 완성된다. 박테리아는 우유에 있는 당을 먹고 젖산을 생성한다. 젖산은 분해와 결합을 하면서 우유에 있는 카세인 단백질을 변성시켜 젤을 형성한다.

박테리아는 또한 우유를 상하게 하는 박테리아와도 경쟁한다. 요거트의 산도는 일부 유해한 유기체가 해를 끼칠 정도로 자라는 것을 방지한다.

생우유에는 황색포도구균, 칼필로박터 제주니(Campylobacter jejuni), 살모넬라, 대장균, 리스테리아 모노사이토제니스(Listeria monocytogenes), 결핵균, 소결핵균, 브루셀라, 콕시엘라 부르네티(Coxiella burnetii), 에르시니아 엔테로콜리티카(Yersinia enterocolitica) 등의 위험한 미생물이 많이 있다.

황색포도구균은 중성 pH(7.0~7.5)에서 가장 잘 자라지만 우유에서 산성인 4.5pH에서도 생존할 수 있다. 요거트의 pH(4.25~4.5)는 약간 아래 있다. 마찬가지로 살모넬라, 칼필로박터 제주니, 대장균, 결핵균은 모두 4.5보다 더 산성인 pH 수준에서 잘 자라지 않거나 성장을 멈춘다. 그러나, 이것이 모든 원유에서 발견되는 위험한 유기체가 아니며 저온 살균은 유산균 배양보다 훨씬 안전한 방법이란 점에 주목할 필요가 있다.

사워크림과 버터밀크

락토바실러스는 유제품을 배양하는 유일한 박테리아는 아니다. 버터밀크와 사워크림에는 스트랩코커스 디아세틸락티스(Streptococcus diacetilactis), 스트랩코커스 크레모리스(Streptococcus cremoris), 류코노스토크 시트로보룸(Leuconostoc citrovorum)과 기타 박테리아가 함유되어 있다.

버터밀크와 사워크림은 모두 냉장고에 보관 가능하며 집에서 쉽게 만들 수 있다. 유통기한이 거의 다 된 우유(아직 시큼한 맛이 나지 않는)가 있다면, 시큼해지기를 기다렸다가 버리지 않고 버터밀크를 만들어 베이킹에 사용할 수 있다.

버터밀크의 스타터는 남은 버터밀크로 만들기 때문에 이미 모든 박테리아가 안에 모두 들어 있다. 매우 깨끗한 1쿼트 크기의 용기를 준비한다. '사용기한(세균이 살아 있어야 하므로)'이 지나지 않은 버터밀크를 1컵 넣는다. 적게 만들거나 더 많이 만들 경우에 1:3 비율을 유지하여 만든다.

용기를 단단히 덮고 24시간 동안 따뜻한 곳에 둔다. 24시간 이내에 보통 걸쭉해지지만, 아직도 묽다면 최대 36시간까지 둘 수 있다. 36시간 이상은 먹기에 적합하지 않다(그러나, 베이킹에는 사용 가능). 버터를 만들고 남은 액체는 버터밀크와 다르다. 미국에서는 '옛날 방식의 버터밀크'라고 한다. 일부 버터밀크에는 옛날 방식 버터밀크를 모방하기 위해 약간의 버터를 첨가한다. 그러나, 진짜 버터밀크만 베이킹에 필요한 버터밀크 또는 버터밀크 팬케이크의 스타터의 역할을 한다.

나만의 사워크림을 만드는 것은 버터밀크를 만드는 것만큼 쉽다. 약간의 버터밀크를 크림에 넣고 하루 동안 따뜻한 곳에 두면 된다. 크림의 지방 함량이 높을수록 걸쭉한 사워크림이 만들어진다.

블루치즈(bleu cheese)

1928년 9월 3일, 알렉산더 플레밍(Alexander Fleming)이 페니실린을 발견했을 때, 그의 어수선한 실험실뿐 아니라 먹다 남긴 점심의 일부도 크게 기여했다고 볼 수 있다.

질병을 유발하는 박테리아인 포도상구균을 연구하던 중, 실험실 구석에 배양균을 둔 채로 8월 한 달간 휴가를 떠났다. 9월 3일에 돌아와서 그중의 하나가 곰팡이가 생겨 주변의 박테리아가 죽었다는 사실을 발견했다.

옥스퍼드의 화학자들이 곰팡이에서 안정된 형태의 항생제를 생산하기까지 10년이 걸렸고, 사용 가능한 양으로 생산될 수 있는 산업이 되기까지 5년이 더 걸렸다.

사실 푸른곰팡이는 수많은 질병의 원인인 박테리아가 알려지기 전인 고대부터 항생제로 사용되었다. 1870년 곰팡이가 있는 배양물은 박테리아를 생산하지 않는 사실이 알려졌다. 1875년 존 틴들(John Tyndall)은 왕립학회에서 푸른곰팡이의 항균성을 입증했다. 1977년 루이스 파스퇴르(Louis Pasteur)는 곰팡이에 오염된 배양물에서 탄저병이 억제된다는 것을 관찰했다. 1897년 어니스트 뒤센(Ernest Duchesne, 페니실린을 만드는 데 사용된 것과 다른 종의 푸른곰팡이를 사용)은 장티푸스에 걸린 실험용 기니피그를 치료했다.

플레밍은 항생제를 위해 페니킬리움 노나툼(Penicillium notatum)을 분리했고, 후에 연구를 통해 더 많은 물질을 생산하는 품종을 알아냈다. 뒤센은 고르곤졸라 치즈를 만드는 데 사용되는 페니실린 그라우쿰(Penicillium glaucum)을 사용했다. 이 품종은 페니실린 로크포르티(Penicillium roqueforti)와 함께 블루치즈, 로크포르(Roquefort), 스틸톤(Stilton) 치즈를 만드는 데도 사용된다.

푸른곰팡이는 일반적으로 빵 곰팡이이면서 저장된 곡물이 부패하는 주요 원인이다. 앞에서 설명한 다른 유기체와 마찬가지로 경쟁 상대인 유기체를 억제하거나 죽이는 화학 물질을 생성한다. 와인과 요거트의 효모와 박테리아가 생산하는 알코올이나 젖산과 달리 곰팡이가 생산하는 화학 물질은 부작용을 일으키는 폐기물이 아니라 경쟁에서 곰팡이가 강력한 장점을 주기 때문에 진화할 수 있었다.

치즈에서는 블루치즈의 독특한 풍미와 향을 줄 뿐만 아니라 바람직하지 않은 풍미와 냄새를 생성하거나 먹을 수 없는 독소를 생성하는 해로운 박테리아와 곰팡이로부터 보호한다.

알렉산더 플레밍은 포도상구균을 죽일 수 있는 무언가를 찾기 위해 포도상구균 배양을 연구하고 있었기 때문에 이 곰팡이를 재발견했을 때, 이미 많은 정보가 있었다. 하지만 실제로 이 연구보다 한 달 동안 실험실에 남겨진 점심의 빵이나 치즈의 공로가 더 클 수도 있다. 우리는 절대 알 길이 없겠지만 말이다.

로크포르 치즈는 자연 식품 중 가장 높은 수준의 글루타메이트를 함유하고 있다. 글루타메이트는 감칠맛을 주며 간장 같은 발효 식품에 들어 있다. 글루탐산모노나트륨으로 정제되어 조미료로 사용되는 경우가 있으며, 과용되기도 하며 민감한 사람들은 꺼린다. 단백질을 포함한 거의 모든 음식에 있으며, 우리의 혀는 이런 감칠맛을 느낄 수 있는 감각이 있다.

요즘은 슈퍼마켓에서 쉽게 레닛을 구입할 수 있기 때문에 치즈를 쉽게 만들 수 있다. 치즈를 압축하기 전 단계에서 블루치즈나 로크포르를 커드에 약간 추가하면, 미생물 처리 및 식품 보존을 위해 항생물질 사용을 실험할 수 있다.

와인과 맥주

이스트는 포도의 표면 및 보리, 밀, 쌀과 같은 곡물에 있다. 포도 주스나 젖은 곡물이 발효되는 것은 당연한 일이다. 맥주와 와인은 농사를 짓기 전부터 이미 우리 주변에 우리가 모르게 존재하고 있었다.

미생물로 만든 다른 식품과 마찬가지로 한 유기체에만 우호적인 환경으로 만들면 잠재적으로 유해한 유기체에게는 불리한 환경일 수도 있다. 이스트가 생산한 알코올은 와인과 맥주 보존에 도움이 되며, 이스트로 만들어진 맥주와 와인은 음식이 부족할 때 칼로리 보충과 영양 공급원으로 사용 가능하다.

인구밀도가 높아지면서, 위생적인 식수 부족이 문제가 되었다. 정화조와 하수처리장은 이용할 수 없었고, 지역 상수도 항상 마실 수 있는 상태는 아니었다. 알코올 함량이 낮은 와인과 맥주는 일반적으로 마시기에 안전했다. 포도즙을 먹거나 곡물과 함께 끓여 마셨다. 적어도 장티푸스, 디프테리아, 이질 및 기타 수인성 질병을 일으키는 세균으로부터는 안전했다.

와인 1리터당 700~900kcal, 맥주 1리터당 약 360kcal로, 주변의 물을 마시는 것보다 안전하고 에너지와 약간의 영양을 제공했다.

맥주는 곡물과 효모로 만들기 때문에 '액체빵'이라고도 불린다. 알코올 도수가 낮은 맥주는 정신력 저하나 알코올 이뇨 작용으로 인한 체액 손실 없이 마실 수 있다.

맥주나 와인을 만드는 것은 간단하다. 좋은 맥주나 와인을 만드는 것은 예술이다. 미생물로 만든 대부분의 식품과 마찬가지로 대부분의 작업은 원하는 유기체를 잘 자르게 하고, 원하지 않는 유기체를 억제한다.

살균은 유해한 유기체가 나오지 않도록 돕는다. 온도 조절도 일관된 제품을 만드는 데 도움이 된다. 원하는 유기체를 위한 영양소 요건에 주의를 기울이고, 원하지 않는 생물의 영양을 제한하는 것은 양조 맥주의 생태를 균형 있게 유지하는 데 도움이 된다. 사용되는 물의 미네랄 함량(맥주의 경우)을 제어하면 맥주의 맛과 사용되는 이스트의 활력에 영향을 미친다. 양조 맥주에 충분한 산소를 공급하면 이스트를 건강하게 유지하고 해로운 혐기성 박테리아가 번식하는 것을 방지한다. 양조업자들은 공기 중에 노출시켜 숨 쉬게 하는 시기를 신중하게 제어한다. 이스트는 산소가 충분할 때 번식하고, 산소가 적을 때 알코올과 이산화탄소를 생성한다. 온도가 너무 높을 때 공기와 접촉하면 맛이 나빠진다.

온도를 조절하면 이스트 성장을 촉진하고 박테리아 성장을 억제하는 데 도움이 된다. 발효를 거쳐 맥주가 되는 액체인 맥아즙은 끓인 후 빠르게 냉각된다. 원치 않는 박테리아는 130~90℉(54~32℃)에서 잘 자란다. 온도가 80℉(26℃) 미만에서 에어레이션(Aeration)이 시작되어 산화를 방지하면서 효모가 번식할 수 있도록 산소를 제공한다. 급속냉각은 황함유 화합물이 맥아즙에서 재용해되는 것을 방지해 황함유 화합물 특유의 향인 익은 양배추 맛이 나지 않도록 돕는다.

맥주 제조에는 상면 발효와 하면 발효 두 가지 주요 이스트가 있다. 에일 이스트(ale yeasts)라고 불리는 상면 발효를 위한 효모는 따뜻한 온도를 선호한다. 약 55℉(12℃)에서는 휴면상태가 된다. 하면 발효를 위한 라거 이스트(lager yeasts)는 약 40℉(4℃)까지 활동한다. 라거는 일반적으로 에일보다 낮은 온도에서 양조되지만 스팀 맥주는 더 높은 온도에서 라거 효모를 사용하여 다른 맛을 낸다.

맥주가 발효될 때 이물질이 들어가지 않도록 하기 위해 에어락(air lock)을 설치한다. 가스가 튜브를 통해 빠져오면서 에어락 내의 물을 통하면서 거품이 일어난다.

미생물에 의해 생산되는 다른 식품과 마찬가지로 많은 수의 원하는 유기체로 시작하면 바람직하지 않은 미생물을 제어하는 데 도움이 된다. 맥주와 와인의 경우, 포도나 곡물의 천연 효모에 의존하지 않고 종종 효모를 추가한다.

양조업자는 액체의 밀도를 측정하기 위해 비중계를 사용하여 맥아즙에 당이 얼마나 녹아 있는지와 발효가 어떻게 진행되고 있는지를 확인한다(효모가 당을 섭취하고 밀도가 낮은 알코올을 생산하기 때문이다).

스파클링 와인을 만들거나 맥주의 탄산을 제어하기 위해 병입 직전에 설탕을 첨가하기도 한다. 소량의 남은 효모가 이산화탄소를 생성하여 병에서 빠져나갈 수 없다. 압력이 상승하고 가스가 물에 용해된다.

보존

우리가 즐기는 많은 가공 식품은 나중에 소비할 수 있도록 신선한 식품을 보존하는 방법으로 발명되었다. 말린 과일, 치즈, 염장, 발효음료, 요거트, 피클 등 모두 신선한 과일, 곡물, 육류 및 유제품의 보존 기간을 늘리는 유용한 방법이다.

염장과 건조

물을 제거하면 유해한 유기체가 음식을 섭취하고 부패하는 것을 방지한다. 많은 신선한 과일과 고기를 햇볕에 말려서 보존할 수 있다. 갓 자른 풀을 건조해 가축 사료로 저장한다.

염장은 해로운 유기체가 생존하고 번성하는 데 필요한 물을 차단하는 방법의 하나다. 외부 환경이 유기체 내부보다 염도가 높으면 물은 소금을 희석하기 위해 확산된다. 그 유기체 외부에 많은 짠 물이 있더라도 말라 버린다.

과일의 당이 조금 농축될 정도로 건조되면 과일의 당이 소금같이 유해한 유기체에 미치는 삼투압 효과를 내기 때문에 과일보다는 고기와 생선을 더 염장한다. 생선과 고기는 염장하지 않고 햇볕에 건조하면 빠르게 상한다. 건조가 진행되기 전에 염장이 박테리아, 곰팡이, 효모를 방지하는 역할을 하기 때문이다.

열소독 및 훈제

열소독은 유기체가 성장하지 못하거나 죽을 수 있는 높은 온도를 유지하는 방법이다. 이 방법은 주로 식품 건조 또는 통조림을 만들 때 사용된다. 통조림의 경우, 용기를 밀봉한 상태에서 처리하여 식품이 살균된 후 미생물이 캔 안으로 들어가는 것을 방지할 수 있다.

훈제는 부패 유기체 성장을 저해하는 물질로 식품의 외부를 가열, 건조, 밀봉하여 보존하는 방법이다. 훈제는 식품이 부패하는 산화를 조절한다. 연기 자체는 외부를 감싸고 있으며 음식 깊숙이 침투하지 않는다.

알코올 살균

알코올이 발효되면서 곡물과 과일즙을 보존하는 방법에 대해 앞에서 살펴보았지만, 알코올은 음식을 보존하는 데 사용되기도 한다. 브랜디에 절인 과일은 알코올을 잘게 다진 과일에 넣어 발효시킨 것이다. 알코올은 초기 단계에서 박테리아가 발효 효모와 경쟁하는 것을 방지한다. 발효가 시작되면 알코올 추가 없이 새로운 과일을 더 추가해도 된다. 이런 방식으로 원래 브랜디에 절인 과일은 사워도우 빵을 만드는 데 사용되는 스타터와 같은 역할을 한다.

허브와 향신료의 항균제

음식에 향신료를 사용하는 것이 그 지역의 평균 온도와 상관관계가 있는 것은 우연이 아니다. 박테리아와 곰팡이 부패균의 성장을 촉진하는 온도의 나라일수록 음식에 양념을 많이 넣는다.

세이지, 민트, 히솝, 카모마일은 대장균 등의 그람음성균과 리스테리아 이노쿠아(Listeria innocua) 같은 그람양성균의 성장을 방지하는 제균 효과(bacteriostatic effects)가 있다. 오레가노의 에센스 오일은 그람음성균에 가장 뛰어난 살균 효과가 있다(실제로 박테리아가 죽는다).

강력한 항균 물질은 계피, 정향, 겨자 등에서 발견된다. 올스파이스, 월계수잎, 캐러웨이, 고수, 큐민, 타임, 로즈마리는 조금 약한 효과이며 세이지와 오레가노와 비슷하다. 후추, 고추, 생강은 항균 활동성이 약하다.

마늘과 양파는 살모넬라균, 대장균, 포도상구균, 칸디다 알비칸(Candida albicans)에 효과적이다. 계피, 정향, 세이지에는 모두 구강 세정제와 제빵 제품에 사용되는 효과적인 항균 및 곰팡이 억제제인 유제놀(eugenol)이 들어 있다.

세이지와 오레가노에는 치약 제조에 자주 사용되는 항균제인 티몰(thymol)이 함유되어 있다.

로즈마리의 올리오레진(oleoresins)은 항산화 역할을 하여 식품의 지방과 기름의 산패를 방지한다.

산

요거트와 사워도우 빵처럼 음식을 산성으로 만드는 것이 음식을 보존하는데 도움이 된다는 것을 앞에서 설명하였다. 그러나, 식초에 음식을 절여 산도를 훨씬 더 높이는 것은 올리브부터 오이, 삶은 달걀과 청어까지 다양한 음식을 보존하는 고대부터 내려오는 효과적인 방법이다.

요거트와 사워도우 빵뿐 아니라 절임 음식도 젖산을 생성하는 발효에 의해 절여진다. 가장 흔하게 볼 수 있는 것이 오이절임과 고추절임이다. 하지만 사워크라우트와 김치도 소금을 넣어 소금물을 같은 방법으로 발효한다.

미생물 경쟁

우호적인 미생물은 유해한 미생물과 싸우는 데 사용되기도 한다. 일부는 알코올이나 젖산과 같은 독성 화학 물질을 생산하지만 일부는 표적화된 항균제를 생산한다. 일부 치즈의 페니실린 곰팡이는 박테리아를 죽인다. 다른 치즈의 박테리아는 곰팡이와 곰팡이를 죽이는 프로피오네이트(propionate)를 생성한다.

앞에서 살펴보았듯이 우리가 좋아하는 유기체에게 유리한 환경을 제공하면 해로운 유기체의 성장을 제한하는 데 도움이 된다.

핼러윈 호박의 DNA

10월 말이 되면 많은 호박 관련 레시피들이 쏟아져 나온다. 여기에 소개하는 것은 필자가 추천하는 새로운 레시피다. 주류가 들어가고 믹서기를 사용해야 하지만, 만드는 시간이 매우 짧아 아이들과 함께 만들 수 있으며 과학 대회 프로젝트용으로 학교에 가져갈 수도 있다. 아마 먹고 싶지는 않아도 재미있을 것이다. 호박에서 DNA, 즉 생명체를 추출할 수 있다.

고농도 알코올의 경우, 알코올 함량 약 70%인 또는 90% 이소프로판올(isopropanol) 알코올 솜을 약국에서 구매할 수 있다. 필자가 일반적으로 사용하는 것이다. 주방에 알코올 도수가 75.5도의 럼이나 에버클레어(Everclear) 곡물 알코올이 있다면 사용해도 좋다. 사실 술을 즐기지 않아 사진을 찍으려 별도로 구매했다(언젠가는 남은 술을 다 쓰기 위해 불이 필요한 요리를 할 예정이다). 알코올을 바로 냉동실에 넣어 실험을 위해 가능한 차갑게 만든다. 얼지 않을 테니 밤새도록, 아님 영원히 냉동실에 보관해도 된다. 한 시간 정도면 충분히 차가워질 것이다.

재료

- 알코올, 알코올 함량이 100%에 가까울수록 좋다(알코올 선택에 대한 자세한 설명은 추후 설명 참조).
- 호박 1개(이 레시피는 사과, 바나나, 호박, 당근 등 냉장고에 있는 거의 모든 채소 사용 가능)
- 소금 1큰술
- 세제 ¼컵(이상한 첨가물이 실험을 망치지 않도록 세제 외에 아무것도 첨가되지 않은 것이 좋지만, 주방에 있는 이상한 향의 녹색 세제도 괜찮다)

조리도구

- 커피 필터(필자는 멜리타 #2 필터를 사용하지만 4등분으로 접힌 종이 타월도 괜찮다)
- 깔때기(없을 경우 커피 메이커를 사용해도 좋으나, 사용 후 꼭 세척해야 한다)
- 유리잔 또는 양념통

호박을 믹서기에 잘 들어가도록 작은 덩어리로 자른다. 내 조수 코키는 이번 할로윈 프로젝트를 돕고 있다. 코키는 생호박을 좋아하는데, 맛있어 하지 않을 수도 있다. 조수에게 호박을 사진처럼 믹서기로 옮기라고 한다.

호박 덩어리에 물 약 ½컵, 소금 1큰술을 넣는다. 믹서기에 넣고 퓨레처럼 될 때까지 갈아 준다. 이때 완벽하게 갈 필요는 없다. 나중에 여과하고 오래 혼합하면 DNA 가닥이 끊어질 테고, 사과 소스 같은 질감을 원하면 너무 곱게 갈지 않도록 한다.

이제 세제를 ¼컵 정도 추가한다. 세제와 소금은 호박의 세포벽을 깨뜨려 DNA를 물속으로 방출한다.

다음 커피 필터와 깔때기를 사용하여 퓨레를 거른다.

이제 냉동실에서 술을 꺼낸다. 적어도 한 시간 전에 넣어야 한다.

유리잔이 사용하기에 좋을 것이다. 안타깝게도 필자는 하나가 부족해서 양념통을 사용했다. 플라스틱 컵을 사용해도 되지만, 일반적으로 시험관 같은 작은 지름의 용기를 사용한다. 여과한 호박 주스를 용기에 붓는다.

이제 용기를 기울이고 알코올을 천천히 부어서 주스 위에 층을 형성하고 섞이지 않도록 한다.

몇 초 후 주스와 알코올 사이에 유령 같은 DNA 층이 형성되는 것을 볼 수 있다. 유리잔 또는 양념통의 중앙에 떠 있는 흰색의 끈적한 띠는 마치 유령 같은 느낌이다. 이 얇은 분자 층은 세포에게 호박을 만들라고 지시하는 물질이다. 호박은 부모 호박 식물로부터 이 물질을 물려받는다. 과학자들이 연구용으로 다른 식물이나 동물로부터 DNA를 추출할 때, 방금 했던 방법과 매우 유사한 기술을 사용한다.

10

레시피 양 조정

Scaling Recipes Up and Down

레시피의 양을 조절하는 대부분의 작업은 단순 수학이다. 레시피 기준이 4인이고 6명의 저녁 손님을 위해 준비하는 경우, 각 재료에 6/4을 곱하면 쉽고 단순하게 계산할 수 있다.

그러나 모든 조리법이 이렇게 쉬운 것이 아니다. 50을 곱하여 4인용 조리법을 최대 200명의 연회 메뉴로 계산하면 원하는 결과가 나오지 않을 수 있다. 그 이유를 알려면 과학의 힘이 필요하다. 과학은 보다 쉽게 레시피를 늘리고 줄일 수 있도록 도와줄 것이다.

열유동율

오븐에서 열은 로프팬의 모든 면에 닿는다. 열은 큰 빵의 가운데에 도달하려면 두 배 더 멀리 이동해야 한다. 익혀야 하는 빵의 크기가 8배 더 많고 열이 반죽에 도달할 수 있는 표면적은 두 배뿐임을 알 수 있다.

빵 반죽은 폼으로 이뤄졌기 때문에 좋은 열 전도체가 아니다. 빵의 안쪽이 녹말 젤과 단백질을 변성시키는 온도에 이르기 전에 외부가 마르고 갈색으로 변한다.

물체가 가열되는 속도는 내부 온도와 외부 온도의 차이에 비례한다. 아이작 뉴턴의 냉각법칙은 이름과 달리 가열과 냉각 모두 동일하게 적용된다. 빵이 뜨거워질수록, 내부 온도와 외부 온도의 차이가 작아져 빵이 데워지는 속도가 느려진다.

작은 빵은 빨리 익고, 큰 빵은 천천히 익는다. 레시피를 두 배로 늘리면, 빵이 익는 속도는 느려진다. 빵은 열전도율이 낮으므로 외부가 내부보다 빨리 조리되며, 빵의 크기가 클수록 외부와 내부가 익는 차이가 더 커진다. 뉴턴의 냉각 법칙을 활용하여 더 낮은 온도에서 요리하면 이 차이를 줄일 수 있다.

표면적 대 부피 비율 계산하기

부피가 표면적보다 더 많이 커지는 이유는 차원의 문제다. 구의 반지름이 두 배가 되면 표면적이 4배 증가한다. 반지름은 1차원 선이지만 표면적은 2차원이기 때문이다. 반지름에 2를 곱하지만 너비가 두 배가 되었기 때문에 표면도 2로 곱하고 길이가 두 배로 되었기 때문에 다시 2를 곱한다. 부피는 3차원이므로 두 배의 깊이를 계산하기 위해 2/3배를 다시 곱한다(2 × 2 × 2 = 8이기 때문에 8배/역자:구의 부피는 원기둥의 부피의 2/3이므로 원기둥이 8이므로, 구에 해당하는 2/3를 곱해야 한다는 의미임). 이런 이유로 표면은 평방인치로 측정되고 부피가 세제곱인치로 측정한다.

표면적 대 부피 비율을 일정하게 유지하려면 깊이를 일정하게 유지하여 세 번째 곱셉을 하지 않는 방법이 있다. 이 계산은 거의 완벽하다. 2인치 정사각형의 표면적은 24평방인치이고, 부피는 8세제곱인치이며 비율은 3:1이다. 너비와 길이를 두 배로 늘리면 32세제곱인치의 부피와 64평방인치의 표면적으로 2:1 비율이 된다.

완벽하지는 않지만 너비, 길이, 깊이를 모두 두 배로 계산하는 것보다 1/3에서 2/3으로 낮춰 적용하는 것이 훨씬 낫다.

나머지 차이는 온도를 좀 더 낮추고 오래 조리하면 보완 가능하다.

동일한 반죽의 케이크로 여러 층으로 쌓아 만드는 웨딩 케이크를 생각해보자. 아래로 갈수록 점점 커지며, 가장 윗부분의 케이크의 지름은 6인치이고 가장 아랫부분의 지름은 16인치이다. 각 케이크는 2인치 높이의 케이크를 프로스팅과 잼을 발라 겹쳐 만들어 높이는 총 4인치다.

여러 번 테스트 결과, 6인치 케이크는 350℉(177℃)에서 30분간 굽고, 16인치 케이크는 325℉(163℃)에서 1시간 구울 때 결과가 좋았다. 중간층의 케이크를 직접 테스트하는 대신 두 점을 이용해 선의 공식을 계산하여 그래프를 그려본다.

하단 축에서 지름을 확인하고 온도와 조리 시간을 확인할 수 있다. 그리고 케이크의 크기에 따라 필요한 반죽 컵 수를 확인할 수도 있다. 케이크의 지름이 증가함에 따라 온도가 점차 낮아지고 조리시간이 점차 증가할 것이다.

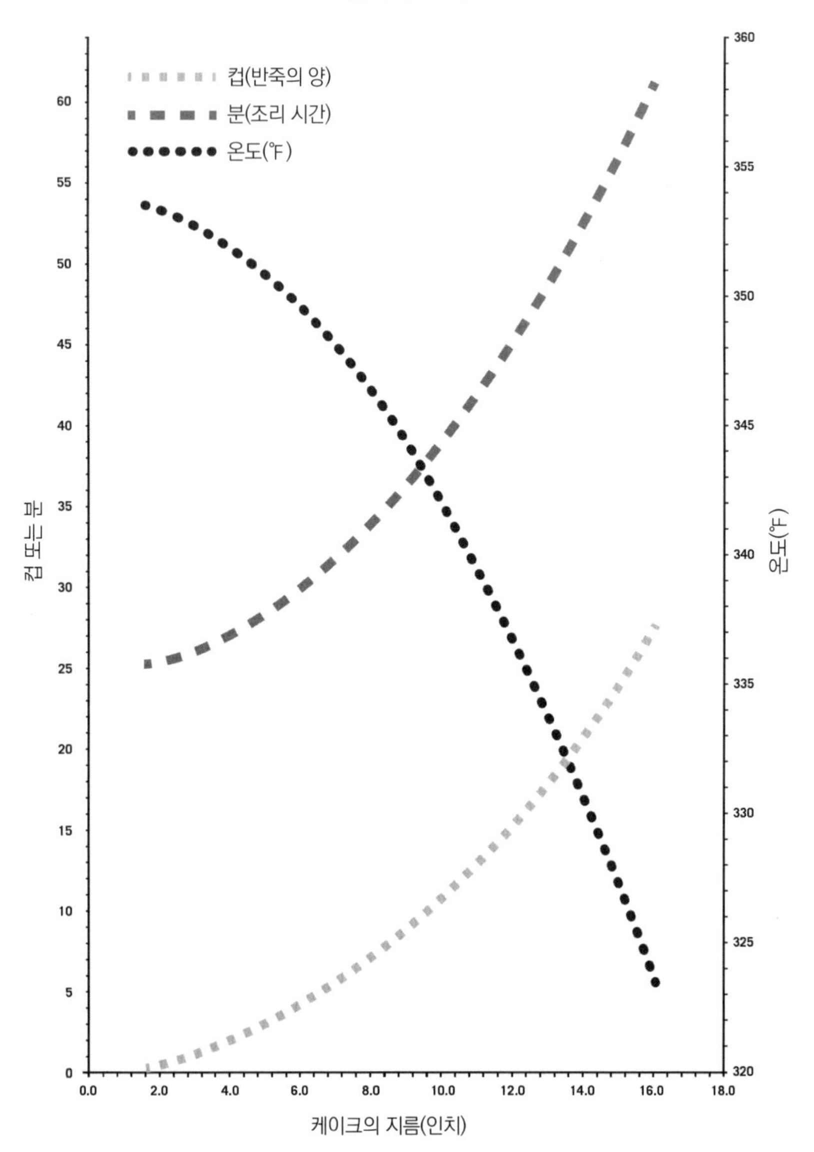
웨딩케이크 변수
컵(반죽의 양)
분(조리 시간)
온도(℉)
컵 또는 분
온도(℉)
케이크의 지름(인치)
0
5
10
15
20
25
30
35
40
45
50
55
60
320
325
330
335
340
345
350
355
360
0.0
2.0
4.0
6.0
8.0
10.0
12.0
14.0
16.0
18.0

건조

부피 대 표면적 비율은 건조하는 데 걸리는 시간에 영향을 미친다. 물은 표면에서 증발하므로 표면적이 건조 속도를 결정한다. 그러나, 물의 양은 부피에 따라 다르다.

빨리 건조시키려면 넓게 펴 놓는다. 촉촉하게 유지하려면 구형(표면적 대 부피 비율이 가장 낮은 형태)으로 만들거나 (윗면을 덮는 게 어렵다는 전제하에) 긴 원통에 넣는다.

천일염은 표면적이 평방마일의 매우 얕은 물에서 증발시켜 만든다. 말린 살구와 자두는 카카오 열매와 커피빈처럼 넓게 펴서 건조시킨다.

물체가 작을수록 표면 대 부피 비율이 높아진다. 따라서 잘게 다진 빵은 빵 한 조각보다 빨리 건조되고 얇은 빵은 두꺼운 빵보다 더 빨리 건조된다.

말린 사과를 만들 때 사과를 매우 얇게 썰고 250℉(121℃) 오븐에서 1시간 동안 건조하면 바삭한 칩이 된다. 사과를 통째로 건조하면 훨씬 오래 걸리고 의미 없는 일이다.

시간

다양한 크기의 케이크를 구울 때 레시피를 조정하여 조리시간을 정하고, 표면적 대 부피 비율을 늘려 건조 속도를 줄이는 방법을 확인했다. 다른 조리방법도 조리 시간에 영향을 받거나 영향을 준다.

감자 통째와 얇은 감자를 같은 조건으로 튀기면 서로 다른 결과물이 나온다. 또한 후렌치 프라이를 한 통에 다 넣고 튀긴 것과 4등분하여 나눠 튀기면 같은 결과물이 나오지 않는다. 많은 양의 차가운 음식을 뜨거운 기름에 넣으면 기름이 빠르게 식는다. 뉴턴의 냉각 법칙은 베이킹에도 동일하게 적용된다. 오븐에 한 번에 여러 개의 반죽을 넣으면 오븐의 온도가 내려가며, 반죽의 간격이 좁아져서 열이 충분히 전달되지 않을 수 있다.

이 점은 여러 가지로 보완할 수 있다. 오븐의 온도를 높이거나 컨벡션 오븐처럼 직접적인 열보다 뜨거운 공기를 순환시켜 오븐 벽에서 발산되는 열보다 뜨거운 공기로 조리하는 방법도 있다. 더 오랫동안 조리해도 된다. 오븐 내부와 함께 예열되고 식는 데 시간이 더 오래 걸리는 써멀 매스(thermal mass)라는 석판을 넣을 수도 있다. 써멀 매스는 많은 차가운 음식에 사용해도 된다.

중력

폼이 포함된 레시피를 두 배로 늘리면 폼의 열전도가 낮은 것 외에 다른 문제가 발생한다. 음식의 위쪽 절반의 무게가 아래쪽 절반을 누르면서 아랫면에 가까워질수록 거품이 점차 작아진다. 바닥 부분의 밀도가 높아져서 위와 아래가 다른 속도로 조리가 된다.

도구

요리할 때 항상 정확한 크기의 냄비나 팬이 정해져 있지는 않다. 수프의 경우, 냄비 바닥이 고르게 가열만 되면 크기는 별로 중요하지 않다. 프라이팬에 수프를 만들 수 있지만, 고르지 않게 가열된 바닥에 달라붙지 않도록 더 자주 저어야 하며, 증발 면적이 더 넓기 때문에 물이 더 빨리 손실된다.

가스레인지가 더 넓은 표면에 열을 효과적으로 전달할 수 있으면 스프가 더 빨리 조리될 수 있다. 천천히 익으면서 재료의 맛을 내야 하는 경우에는 맞지 않으나, 단순히 어제 먹었던 스튜를 데우기엔 전혀 문제가 되지 않을 수 있다.

앞에서 배운 내용을 참고하여 팬 크기에 맞게 레시피를 조정할 수 있다. 레시피와 같은 비율을 유지하기 어려울 경우, 표면적 대 부피 비율을 고려하여 온도와 조리시간을 조정하면 된다. 팬이 너무 작으면 내용물을 두 번에 나눠서 조리하는 것이 좋다. 많이 만들 경우, 레시피를 참고하여 양을 늘리고 남은 양은 냉동시킬 수 있다.

다양한 종류의 냄비와 팬은 열전도율이 각각 다르다. 무쇠 프라이팬은 구리나 알루미늄만큼 열을 잘 전달하지 않고, 열이 가해지는 곳만 매우 뜨거울 수 있다. 프라이팬에 밀가루를 고루 뿌리고 가열하면 열전도율과 열의 균일하게 가해지는지를 테스트할 수 있다. 팬 전체의 밀가루가 고르게 갈색이 되면 가스레인지와 열을 고루 효과적으로 전달하는 냄비의 조합이 좋다고 할 수 있다. 일부만 먼저 갈색이 되면 어디가 열이 많이 가해지는지 확인할 수 있다. 이런 팬을 사용할 때에는 물을 끓일 때 외에는 조심스럽게 저어야 한다.

무쇠 팬은 알루미늄 팬이나 구리가 바닥에 깔린 얇은 스테인리스 팬

보다 훨씬 무겁다. 가열되면 열용량이 많아 더 오래 열을 유지한다. 지글지글하는 팬 위에 파히타를 식사에 선보이고 싶다면 무쇠팬을 사용하면 된다.

11

열

Heating

우리는 여러 가지 이유로 음식을 가열한다.

차 또는 커피 물을 끓이는 이유는 휘발성 오일과 향이 뜨거운 물에 잘 녹거나 지방이 녹고 세포막이 파괴되면서 물로 방출되기 때문이다. 열에 의해 기화된 휘발성 성분은 코에 닿아 아로마와 풍미를 만든다.

가열된 전분은 결정화된 전분 분자를 젤로 바꾼다. 전분이 결정화되면 빵이 거칠어지고 빵을 데우면 부드러운 젤 상태로 돌아가 빵의 맛과 신선함을 느낄 수 있다. 오래된 빵은 건조하지 않으나, 결정화된 전분 때문에 그렇게 느껴진다. 생감자의 전분은 조밀하지만, 가열하면 전분입자가 부풀어 오르고 물을 흡수하여 부드럽고 소화하기 쉬워진다.

고기를 가열하면 단단한 콜라겐 결합 조직이 젤로 변성되어 부드러워진다. 더 가열하면 단백질이 단단해져 바삭한 베이컨처럼 된다.

갈변 반응

음식이 갈색으로 변하는 방법은 두 가지가 있다. 사과가 갈색으로 변하는 효소적 갈변과 비효소적 갈변이 있다. 비효소적 갈변은 당이 서로 반응하는 캐러멜화 반응, 비타민C가 산소와 반응하는 아스코르브산의 산화반응, 당과 아미노산이 반응하는 마이야르 반응, 세 가지로 나눌 수 있다.

마이야르 반응은 복잡하다. 포도당과 아미노산 글리신 반응은 24개 이상의 반응 생성물을 만들어낸다. 많은 음식에는 5개 이상의 당과 20개 이상의 아미노산이 있으며, 가열하면 모두 반응하여 그 결과, 토스트의 갈색이 만들어진다. 그 색은 주로 멜라노이딘(Melanoidins)으로 구성되어 있으며, 마이야르 반응의 산물에서 중합되는 큰 분자다. 멜라노이딘은 다른 많은 식용 색소와 마찬가지로 항산화 특성을 가지고 있으며 철과 같은 금속 이온과 결합하여 용액에서 제거할 수 있다(이온을 잡기 때문에 게의 집게의 이름을 따서 킬레이트화(chelation) 과정이라고 함).

리보스(ribose) 같은 5탄당은 포도당 같은 6탄당이나 자당, 유당 같은 이당류보다 더 쉽게 반응한다. 아미노산 라이신은 당과 반응할 때 가장 많은 색상을 생산하고 시스테인은 가장 적은 색상을 생산한다. 우유 단백질과 같이 라이신이 풍부한 식품은 쉽게 갈색으로 변하여 우유를 보이지 않는 잉크로 사용하기도 한다. 많은 열을 가하지 않아도 우유는 갈색으로 잘 변하여 종이가 타기 전에 우유 잉크가 갈색으로 변하기 때문이다.

마이야르 반응은 색뿐만 아니라 풍미도 생성한다. 멜라노이딘은 고유한 풍미를 가지고 있지만 끈적한 면으로 가득 찬 긴 사슬이어서 마이야르 반응으로 생성된 더 작은 풍미 분자인 아이소뷰티르알데하이드(isobutyraldehyde), 푸르푸랄(furfural), 히드록시메틸푸르푸랄(hydroxymethylfurfural)을 잡고 있을 수 있다. 이 풍미는 토스트, 커피, 맥주, 기타 음식의 로스팅 또는 침지(액체에 담가 충분히 적시는 것) 과정에서 풍미를 천천히 공기 중으로 방출된다.

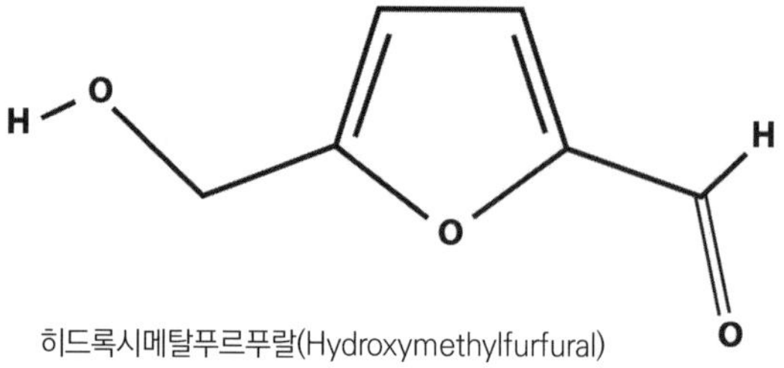

H O O H O

히드록시메탈푸르푸랄(Hydroxymethylfurfural)

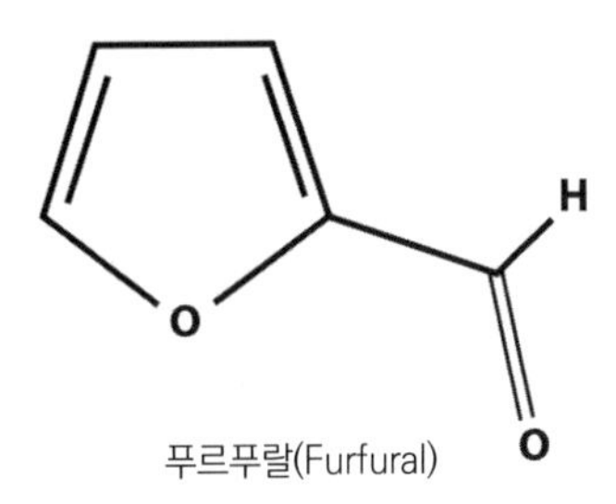

푸르푸랄(Furfural)

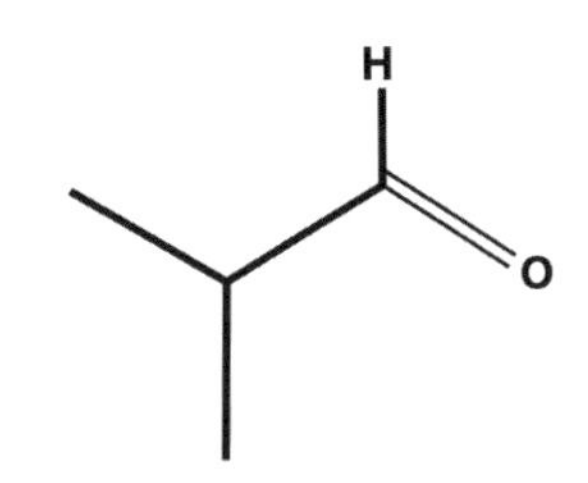

아이소뷰티르알데하이드(Isobutyraldehyde)

마이야르 반응은 실온에서도 일어나지만(토양이 갈색인 이유 중 하나), 온도가 상승하면 더 빠르게 일어난다. 248℉(120℃) 이상에서 식품의 당은 캐러멜화 반응에서 서로 결합한다. 과당은 최저온도인 약 230℉(110℃)에서 캐러멜화 반응이 일어나고, 맥아당은 356℉(180℃) 이상에서 캐러멜화 반응이 일어난다.

캐러멜화는 복합당을 단당으로 분해하고 더 큰 분자로 중합, 산화, 이성질체화(원자의 수와 종류 변화 없이 분자의 모양을 변경) 및 기타 반응을 포함하는 또 다른 복잡한 반응이다. 그 결과로 갈색빛, 친숙한 향, 구운 설탕의 풍미가 나타난다.

설탕이 조리되면 먼저 포도당과 과당으로 분해되고 단당은 물 분자를 잃어 결합한다(한 분자의 OH 그룹이 다른 분자의 H와 반응하고 생성된

H_2O 분자가 끓어오르면서 결합된다). 그 결과 자당 무수물('물 없음'을 의미)이라는 분자 유형이 생성된다.

자당을 392℉(200℃)에서 35분간 가열하면 자당 분자 하나당 물 분자 하나가 손실되어 이소사크르산(isosacchrosan)이라는 분자가 생성된다. 55분이 지나면 총수분 손실은 수크로오스 분자 하나당 4개의 분자가 되고 $C_{24}H_{36}O_{18}$ 화학식을 가진 카라멜란(Caramelan) 분자가 형성된다. 55분 더 조리하면 3개의 수크로오스 분자가 평균 8개 물 분자를 잃고 $C_{36}H_{50}O_{25}$ 분자식의 카라멜렌(caramelen) 분자를 형성한다.

설탕을 더 가열하면 매우 어둡고 잘 용해되지 않는 훨씬 더 큰 분자가 생성된다. 이 분자는 카라멜린(caramelin)이라 한다.

단백질 변성

단백질을 가열하면 조심스럽게 접혀 있던 3차원 구조가 파괴되어 본래의 기능을 잃게 된다. 달걀흰자는 단단하고 불투명한 고체가 되고 콜라겐은 뼈와 근육을 연결하는 기능을 상실하여 젤라틴이 되고, 효소는 화학작용을 효과적으로 촉진하는 기능을 잃는다. 이 과정에서 달걀이 더 맛있어지고 고기는 부드러워지고 음식이 쉽게 상하지 않는다.

열은 다양한 방법으로 단백질 구조를 변경한다. 치즈를 만들 때 커드를 가열하여 산과 레닛 효소에 의해 이미 변성된 단백질이 서로 뭉쳐 유청을 배출하여 치즈가 단단하고 상하지 않게 된다.

커스터드를 만들 때 달걀 단백질을 가열하여 단단한 젤을 만든다. 이때 너무 센 불에서 조리하지 않는다. 열이 과해지면 단백질을 수축시키고 많은 수분을 배출하여 커스터드를 달콤한 스크램블 에그로 만들 수 있다.

빵을 만들 때, 우유를 데워 사용하기도 한다. 발효하고 구울 때, 부피가 커지는 것을 방해하는 유청 단백질을 변성시키기 위한 작업이다. 이때 우유를 과열하면 우유가 타서 우유 단백질이 팬 바닥에 붙어 닦아 내기가 어려워진다. 대부분의 우유가 저온 살균되기 전에는 우유를 데워서 많이 사용하였다.

부피 감소 및 건조

소스, 수프, 스튜 등을 걸쭉하게 만들려면 여분의 수분을 없애기 위해 단순히 가열한다. 이 과정에서 음식의 맛, 색상, 질감이 좋아지기도 나빠지기도 하지만 주요 목표는 부피 감소 및 진한 풍미이다.

가열은 식품을 빠르게 건조하는 방법이다. 250℉(120℃)의 오븐에서 건조된 얇게 썬 사과는 바삭하고 가벼워지며 상할 가능성이 훨씬 적어진다. 실제로 더 높은 열로 사과를 건조하면 세포벽과 일부 영양소가 파괴되는 반면 열없이 천천히 건조하면 효소와 미생물이 음식을 상하게 할 수 있다.

풍미 생성

음식을 가열하면 더 달콤하거나 시거나 짜게 되는 경우는 거의 없다. 그 외의 미각인 쓴맛과 감칠맛은 특히 음식이 타는 것과 더 많은 관련이 있다. 자당을 가열하면 포도당과 과당으로 분해될 수 있으며, 원래 자당보다 더 단맛이 있다. 그러나, 이와 같은 반응은 매번 일어나는 현상은 아니다.

가열로 인해 휘발성 분자가 제거되고 향기가 생겨 퍼지기 때문에 후각적으로는 더 유리해진다. 마이야르 반응과 캐러멜화 반응은 쓴맛과 많은 휘발성 향기 분자를 생성한다.

가열은 또한 낮은 온도에서는 화학 반응이 일어나지 않거나 매우 천천히 진행된다. 이러한 화학 반응의 대부분은 풍미 분자를 생성한다. 우리가 살펴본 가장 잘 알려진 마이야르 반응과 캐러멜화 반응 외에도 가열로 인한 다른 효과들도 풍미를 만든다.

지방은 녹아야 풍미가 나온다. 녹는점이 높은 지방은 녹는점이 되기 전까지 휘발성 향기 분자를 지니고 있다가 식물 세포벽의 펙틴이 용해되면 채소의 풍미와 향이 방출된다. 양파는 단순히 갈변 반응으로 얻는 이점 외에도 눈물이 나게 하는 분자가 비활성화되어 눈물을 흘리지 않고 먹을 수 있다.

모든 가열이 유익한 결과가 있는 것은 아니다. 휘발성 향기와 향기 분자는 가열 중 날아가 완성된 음식에서 느낄 수 없다. 지방은 산화되면 불쾌한 맛이나 냄새를 유발할 수 있다. 배추를 너무 익히면 황화수소가 생성되어 썩은 달걀 냄새 같은 악취가 날 수 있다.

발암물질

소, 돼지, 조류, 생선은 포스크레아틴(phosphocreatine)이라는 화합물을 함유하고 있다. 끓는 온도보다 훨씬 높은 400℉(204℃) 이상에서 고기의 단백질에 있는 아미노산과 반응하여 헤테로사이클릭아민류(heterocyclic amines)라는 화합물을 생성한다.

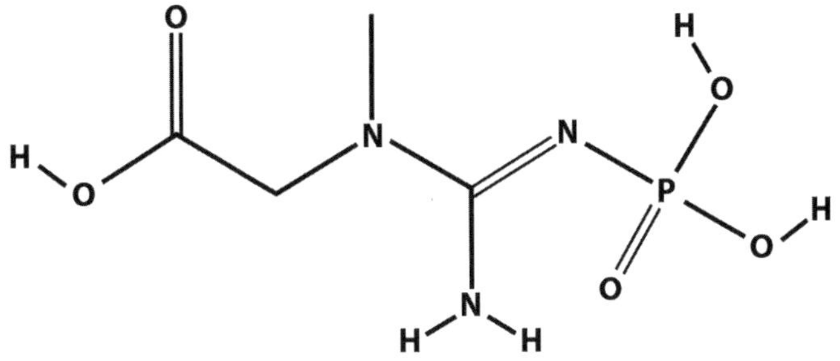

포스크레아틴

미국 국립 암 연구소(National Cancer Institute)의 연구는 위암 환자와 조리된 육류 섭취 간의 연관성이 있다고 밝혔다. 바싹 구운 고기를 먹은 사람은 살짝 덜 익은 고기를 먹은 사람보다 위암이 걸릴 가능성이 3배 더 높았다. 다른 연구에 따르면 완전히 익은 고기는 대장암, 췌장암, 유방암과도 연관이 있다고 한다.

과하게 익힌 육류 근육 내의 헤테로사이클릭아민류는 이미다조퀴놀린(imidazoquinolines(IQ)), 이미다조피리딘(imidazopyridines(IP))이다. 가장 잘 알려진 5가지가 다음에 나와 있다. 여기에서 헤테로사이클릭은 6개의 탄소 고리에 5개의 탄소 고리가 부착되어 있음을 의미한다. 아민 부분은 두 개의 수소에 부착된 왼쪽 질소다.

IQ: 3-메틸리미다조(4,5-f)퀴놀린-2-아민

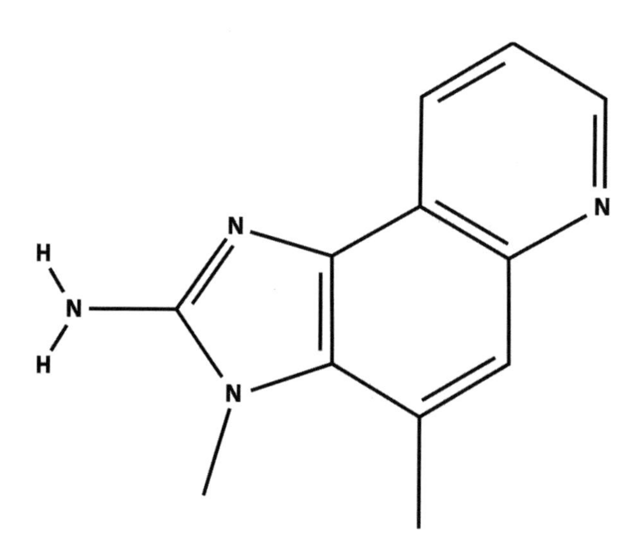

메틸 IQ: 2-아미노-3,4-디메틸리미다조(4,5-f)퀴놀린

메틸 IQx: 2-아미노-3,8-디메틸리미다조(4,5-f)퀴놀린

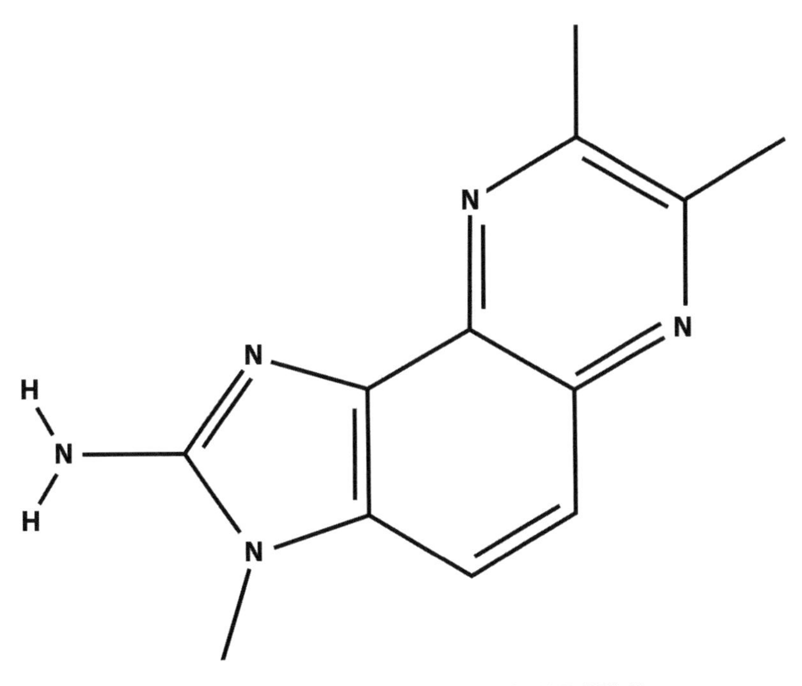

디메틸 IQx: 2-아미노-3,7,8-트리메틸리미다조(4,5-f)퀴놀린

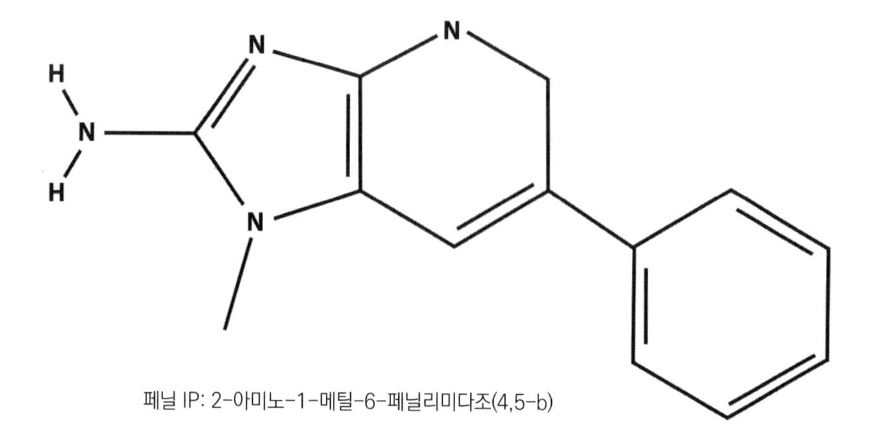

페닐 IP: 2-아미노-1-메틸-6-페닐리미다조(4,5-b)

바싹 구운 고기를 먹으면 암 위험이 0.011% 증가한다. 참고로 흡연은 암 위험이 7.9% 증가한다.

끓는점 미만으로 스튜를 조리하면 암을 유발하는 분자가 생성되지 않는다. 고기를 굽기 전에 전자레인지에 돌리면 이러한 분자의 전구체가 줄기 때문에 그릴에서 고온으로 조리하는 동안 생성되는 양이 훨씬 적다. 이는 암 위험을 95%(0.00055%까지) 감소시킨다.

갈변 반응으로 풍미와 향이 생기는 마이야르 반응이 다른 유형의 발암물질을 생성할 수 있다. 특히, 감자튀김과 감자칩과 같은 튀긴 감자에서 발견되는 아크릴아미드(acrylamide)는 동물실험을 통해 암을 유발하는 것으로 나타났다.

고탄수화물 식품을 250℉(121℃) 이상으로 가열하면 아미노산과 아스파라진이 설탕에 반응하여 아크릴아미드를 생성한다.

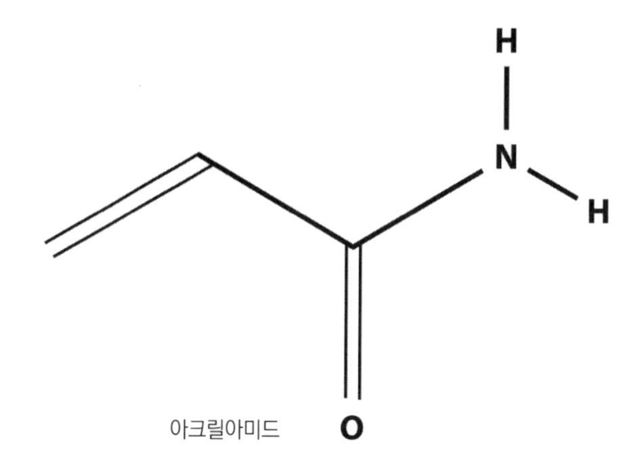

아크릴아미드

스웨덴 남성을 대상으로 한 연구에서 아크릴마이드를 일반적인 양을 섭취했을 때 전립선암 및 대장암과 관련이 없음을 발견했다. 또 다른 연구에서 남성의 폐암과 여성의 자궁내막암과 관련이 없는 것으로 나타났으며, 실제로 여성의 선종암으로부터 보호될 수 있다는 것이 알려졌다. 네덜란드의 남성과 여성을 대상으로 한 연구에서는 아크릴마이드는 신장암에 긍정적인 연관성이 있다는 몇 가지 징후를 발견했다.

아크릴마이드는 인간에게 암을 일으킬 가능성이 있다고 간주되지만 역학 연구에서는 음식으로 섭취하는 아크릴마이드와 암이 어떤 연관성이 있는지 확인되지 않았다. 인간과 설치류는 발암 분자의 흡수율이 다를 수 있기 때문에, 실험실 동물은 암에 걸리고 인간은 걸리지 않는 것일 수 있다.

색상 변화

가열로 인해 가장 분명하게 보이는 결과는 색이 변한다는 것이다. 마이야르 반응의 갈변처럼 다른 요리에서도 뚜렷한 변화를 확인할 수 있다.

고기에는 적혈구 외에도 고기의 붉은 빛을 내는 미오글로빈(myoglobin)이 들어 있다. 미오글로빈을 가열하면 산소와 반응하여 갈색으로 변하여, 바싹 구운 고기나 포트 로스트에서 볼 수 있는 갈색빛이 된다.

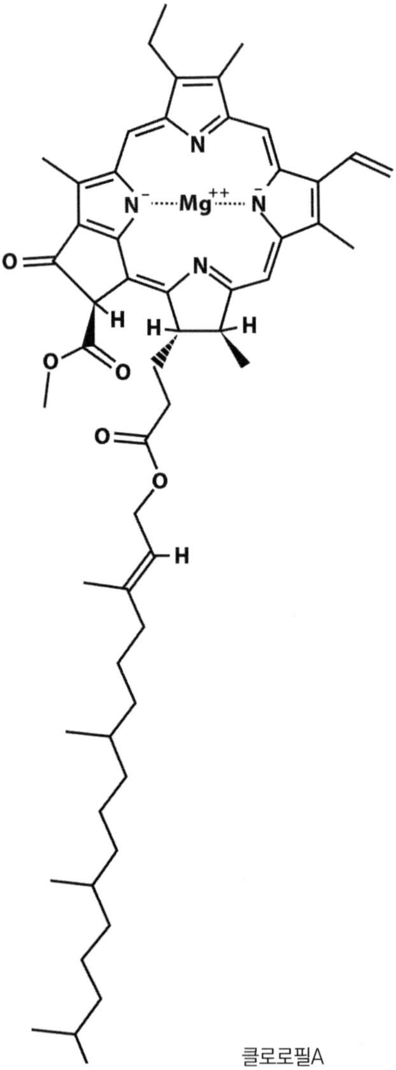

클로로필A

녹색 채소에서 녹색을 내는 색소인 클로로필의 가운데에 마그네슘 원자를 포함하고 있다. 조리 중에 마그네슘 원자는 소실되어 수소 원자로 대체될 수 있다. 이때 분자의 색이 옅은 녹색 또는 황녹색으로 변하게 된다. 또한 붉은색과 주황색의 카로티노이드(carotenoid) 색소가 비치도록 한다.

식물 세포에는 클로로필의 녹색을 숨기는 공기주머니가 있다. 가열되면 주머니 안의 가스가 팽창되어 빠져나가고 그 결과 살짝 찐 브로콜리의 밝은 녹색이 된다. 너무 오래 조리하거나 산성에서 조리하면 마그네슘이 손실되어 채소의 색이 탁해진다.

영양 변화

조리를 하면 식품 내의 영양소가 더 활성화된다. 전분은 풀어져 부드러워지고, 단단한 결합 조직은 젤라틴으로 변하고, 식물 세포벽의 펙틴은 부드러운 젤리로 된다.

음식을 가열하면 아스코르브산(ascorbic acid) 같은 영양소가 자연 식물 효소에 의해 파괴되는 되는 것을 방지할 수 있다. 가열은 음식의 타닌과 같은 영양 가치를 떨어뜨리는 요소를 파괴하여 음식을 더 영양가 있게 만든다.

가열은 영양소를 파괴하기도 한다. 티아민은 알칼리성 용액에서 가열하면 분해되고, 달걀은 약알칼리성이며 노화될수록 알칼리성이 강해진다. 달걀을 삶으면 삶기 전보다 평균 15%의 티아민 손실이 발생한다.

마이야르 반응은 일반적으로 스테이크 같은 요리에서 단백질의 극소량이 팬 위에서 반응하지만 단백질의 아미노산을 더 이상 단백질 구성요소로 사용할 수 없게 만든다.

발효

가열하면 가스가 팽창한다. 케이크와 빵 같은 폼 형태를 구울 때 중요한 요소다. 요리사는 빵을 만들 때 처음 몇 분 동안의 발효를 '오븐 스프링(oven spring)'이라 부른다.

팝오버 같은 빵류는 반죽 내의 물이 수증기로 변하면서 발효가 되고, 수증기는 열에 의해 계속 팽창한다.

열의 또 다른 효과는 '이중 작용'으로 베이킹파우더에서 볼 수 있다. 베이킹파우더는 베이킹소다와 두 가지 분말 형태의 산으로 만든다. 물을 넣으면 하나의 산이 바로 반응하고 베이킹소다와 결합하여 이산화탄소 가스를 생성한다. 두 번째 산성 분말인 황산알루미늄나트륨(sodium aluminum sulfate)은 실온에서 천천히 반응하지만 굽는 동안 더 많이 반응한다. 이런 특징 때문에 굽기 전에 반죽을 더 오랫동안 섞을 수 있다. 반죽하는 동안 손실된 가스는 굽는 동안 다시 생겨나기 때문이다.

12

산과 염기

Acids and Bases

산은 음식에 신맛을 준다. 산, acid는 라틴어의 신맛, acidus를 의미한다. 염기는 산을 중화시키는 물질이다.

산은 쉽게 수소 이온을 잃는 분자이고, 염기는 수소 이온을 받아들이는 분자다. 수소 이온은 단순한 양성자이기 때문에 산은 양성자 기증자라고도 한다. 양성자는 물에서 자유 상태로 존재하지 않으며, 산의 양성자는 물과 결합하여 하이드로늄 이온(hydronium ion)이라 하는 H_3O^+을 만든다.

물 자체는 산성이자 염기성이다. 물의 두 분자는 둘 중 하나가 다른 분자에게 양성자를 줄 때, 자연적으로 하이드로늄 이온(H^+)과 수산화물 이온(OH^-)으로 전환될 확률은 천만 분의 1 정도로 가능성이 적다.

양성자는 한 분자에서 다른 분자로 이동한다. 그래서 산이 무언가와 반응할 때 일반적으로 양전하와 음전하, 두 개의 이온을 띠게 된다. 물이 제거되면(예를 들어 증발에 의해), 두 이온이 결합하여 소금이 된다. 친숙한 소금은 NaCl은 염산이 수산화나트륨과 반응할 때 형성된다.

$$HCl + NaOH \rightarrow H^+ + Cl^- + Na^+ + OH^- \rightarrow H_2O + NaCl$$

염산(HCl)은 양성자(H^+)와 염화물 이온(Cl^-)으로 분해되고, 수산화나트륨은 나트륨 이온(Na^+)과 수산화 이온(OH^-)으로 분리된다. 양성자와 수산화물 이온이 결합하여 수증기가 되면 나트륨과 염소가 결합하여 소금이 된다.

강산은 쉽게 양성자를 잃고 약산은 양성자를 쉽게 잃지 않는다. 물에서 강산은 모든 양성자를 물(하이드로늄 이온 생성)에게 잃는다. 약산의 경우, 분자의 일부는 잃지만 나머지 분자는 이온화 평형을 이룬다. 식초(아세트산), 소다수(탄산), 레몬주스(구연산)와 같이 식품에 사용되는 산은 약산이다.

일부 산은 하나 이상의 양성자를 잃을 수 있다. 예를 들어 탄산은 2개의 양성자를 잃을 수 있으며 구연산과 인산은 3개를 잃을 수 있다.

OH^-가 포함된 경우, 알칼리라고 불리는 염기는 수산화물 이온을 주고 양성자를 받아들인다. 염기는 산에서 양성자를 받아 물을 만들 수 있다. 잿물(수산화나트륨)은 우리가 잘 아는 강염기 중 하나다. 배수구를 막은 기름이 비누가 되어 배수구를 청소하는 데 사용된다. 그런 다음, 비누는 녹고 헹궈진다.

암모니아는 창문의 기름때를 청소할 때 사용된다. 산과 반응하여 이산화탄소 가스를 생성하는 베이킹소다(중탄산나트륨)도 주방에서 많이 쓰이는 염기 중의 하나다.

용액의 산성 또는 염기성 정도를 측정하려면 용액에 하이드로늄 이온과 수산화 이온이 얼마나 있는지 확인하면 된다. (깨끗한 물 기준으로) 천만 개 중 하나라면, 용액의 pH(기억하기 쉽게 '하이드로늄의 퍼센트'라 생각하면 된다)는 7이라고 할 수 있다. 왜냐하면 10^7은 천만이기 때문이다.

pH의 숫자가 작을수록 더 강한 산성 용액이고, 커질수록 강한 염기 용액이 이라는 것을 뜻한다. 식초의 pH는 약 2.4이고, 베이킹소다의 pH는 약 9다. 다음 표에서 다른 식품의 pH도 확인할 수 있다.

	$[H^+]$	pH	예시
산성	1×10^{0}	0	염산
	1×10^{-1}	1	위산
	1×10^{-2}	2	레몬주스
	1×10^{-3}	3	식초
	1×10^{-4}	4	소다(탄산)
	1×10^{-5}	5	빗물
	1×10^{-6}	6	우유
중성	1×10^{-7}	7	깨끗한 물
염기성	1×10^{-8}	8	달걀흰자
	1×10^{-9}	9	베이킹소다
	1×10^{-10}	10	제산제
	1×10^{-11}	11	암모니아
	1×10^{-12}	12	생석회(수산화칼슘)
	1×10^{-13}	13	배수구 청소제
	1×10^{-14}	14	잿물(수산화나트륨)

산과 열이 당에 미치는 영향

자당(설탕)은 이당류다. 포도당과 과당, 두 개의 단당이 물 분자를 잃고 결합 반응하여 생성된다. 물이 생기는 이 반응을 축합반응(condensation reaction)이라고 한다. 과당은 산처럼 양성자를 내놓고, 포도당은 염기처럼 수산화물 이온을 내놓는다. 양성자와 수산화물 이온이 결합하여 물을 형성하고 두 개의 단당이 결합하여 자당을 형성한다.

역반응인 가수분해는 분자에 물 분자를 추가하여 두 부분으로 분리될 때 발생한다. 물에서 자당의 가수 분해는 저절로 매우 느리게 진행된다. 그러나, 산이 첨가되면 촉매 역할을 하여 반응 속도가 빨라지지만 공정에서 산이 소모되지는 않는다. 용액을 가열하면 반응이 더 빨라진다.

레몬주스나 식초와 함께 자당을 물에 넣고 가열하면 자당의 대부분이 두 개의 단당으로 전환된다. 과당은 자당보다 훨씬 더 달기 때문에 포도당이 자당만큼 달지 않더라도 결과물은 단맛이 나는 용액이 된다. 산이 전환 과정에 다 쓰이지 않기 때문에 신맛이 남아 있지만 달걀흰자 또는 베이킹소다 같은 약한 염기 성분을 추가하여 신맛을 제거할 수 있다. 용액에 단백질이 있으면 산과 반응하여 중화될 수 있다.

산이 단백질에 미치는 영향

요거트를 만들 때, 단백질에 대한 산의 영향을 살펴보았다(138쪽). 우유의 카세인 단백질은 마이셀 외부에 친수성 단백질 가닥(단백질 덩어리)과 마이셀 내부에 인산칼슘이 있기 때문에 용액 상태로 유지된다. 그러나 pH 4.6(식초보다 약하지만 여전히 신맛이 나는 정도)에서는 인산칼슘이 용해되고 단백질이 변성되어 마이셀이 서로 뭉쳐 젤을 형성한다.

친수성 가닥의 끝을 잘라내는 레닛 같은 효소를 넣어 뭉치게 해서 많은 종류의 치즈를 만들지만, 산을 이용해서 만들 수도 있다.

인도의 파니에(paneer) 또는 이탈리아의 리코타 치즈는 산(또는 산과 열을 함께 사용)을 넣어 우유 단백질을 응고시킨다. 산은 유청 단백질과 카세인 단백질을 응고시키기 때문에 치즈는 튀기거나 구워도 녹지 않고 우유 1갤런당 생산량은 더 높다(유청 단백질은 카세인 단백질보다 물을 더 많이 함유하고 있다). 산을 넣어 응고시킨 커드는 단백질 결합 방식이

다르기 때문에 레닛을 넣어 만든 치즈만큼 단단하지 않다.

산을 넣어 요리하기

단백질을 변성시킬 때, 보통 산을 사용한다. 전통적인 요리인 세비체(ceviche)에서 생선은 라임주스에 의해 '조리'되고, 달걀은 식초에 절여 '완숙'으로 조리한다.

쇠고기만큼 단단한 콜라겐 결합 조직이 많지 않은 해산물 요리에 산을 많이 사용한다. 산은 가열하는 것(결합 조직을 젤라틴으로 변성)처럼 고기를 부드럽게 하지는 못한다. 그러나 산은 어패류에 넣으면 단백질을 변성시켜 마치 조리한 것 같은 식감과 외관을 즐길 수 있다. 산은 고기 살균 효과가 없으므로 항상 청결과 신선도에 신경 써야 한다.

산은 마리네이드용으로 많이 사용된다. 식초, 토마토주스, 오렌지주스, 요거트 등은 고기의 외부 단백질을 변성시키는 데 자주 사용된다. 고기를 연하게 하고, 마리네이드 재료에 있는 풍미를 흡수한다. 마리네이드는 고기 깊숙이 침투하지 않기 때문에 포크로 고기를 여러 번 찔러주면 가능한 많은 액체가 고기에 더 잘 마리네이드된다.

알칼리를 넣어 요리하기

산과 마찬가지로 음식을 '조리'하는 데 알칼리를 사용할 수 있다. 그러나 음식에 지방이 포함되어 있으면 알칼리는 지방을 비누로 변하게 하여 맛에 대한 거부감이 종종 있다.

비누는 쉽게 씻겨지므로(수용성 비타민과 미네랄도 함께), 씻으면 맛이 좋아질 수 있다.

알칼리를 조리에 사용한 대표적인 예는 닉스타말화(nixtamalization)이다. 메이즈(maize, 미국인들이 옥수수를 부르는 이름)를 알칼리로 요리하는 관습을 의미한다. 아즈텍 언어인 'nixtli'(재를 의미)와 'tamali'(익히지 않은 옥수수 반죽)에서 이름이 유래했다. 조리할 때 사용하는 불에서 나오는 재는 알칼리성이며 수산화칼륨을 함유하고 있다. 현재는 수산화칼슘(석회수)을 대신 사용하여 옥수수를 가공한다.

옥수수 알갱이를 알칼리에 넣고 끓이면 단단한 껍질이 부드러워진다. 전분은 물을 흡수하고 부풀어 젤을 형성한다. 알갱이의 미생물에서 나온 효소가 나오면서 전분과 단백질과 반응하여 반죽이 더 잘되도록 돕는다.

셀룰로오스와 펙틴으로 만들어진 식물의 세포벽은 뜨거운 알칼리 용액에 반응한다. 그러나 뜨거운 알칼리는 옥수수 단백질도 변성시켜 소화가 더 잘되도록 돕는다.

영양학적으로 옥수수의 단백질에 결합된 나이아신(niacin)을 분리하여 소화에 더 도움이 된다(인간 소화의 관점에서). 단백질이 변성되면 나이아신이 소화될 수 있다. 다른 동물은 아미노산 트립토판으로 자신의 나이아신을 만들거나 나이아신과 결합한 단백질을 소화하여 옥수수에서 나이아신을 얻을 수 있다. 인간은 이런 능력을 잃어서 그 영양소를 분리하기 위해 알칼리를 넣어 조리해야 한다.

석회수와 재에 있는 미네랄은 끓인 후 액체에 담가 두는 과정에서 옥수수에 흡수된다. 이는 철, 아연, 칼륨, 구리 함량 및 반죽의 칼슘 함량을 증가시킨다.

알갱이에 지방(옥수수기름)의 일부는 이 과정에서 비누로 바뀐다. 그래서 사용한 액체는 보통 폐기하고, 반죽을 헹구어 내기도 한다.

중탄산나트륨(베이킹소다)은 조리에 사용되는 가장 친근한 알칼리이다. 실제로 강알칼리와 약산의 염이므로 약알칼리로 작용한다. 강알칼리는 수산화나트륨(잿물)이고, 약산은 탄산(소다수)이다. 두 가지를 결합하면 관련 화합물인 탄산나트륨(세척소다)이 먼저 생성된다.

$$CO_2 + 2NaOH \rightarrow Na_2CO_3 + H_2O$$

탄산나트륨과 탄산을 더 결합하면 중탄산나트륨이 된다.

$$Na_2CO_3 + CO_2 + H_2O \rightarrow 2NaHCO_3$$

두 분자는 비슷하다. 중탄산염은 탄산염에 두 번째 나트륨이 있는 수소가 있다. 그래서 중탄산염을 탄산수소나트륨라고 부르기도 한다.

탄산나트륨

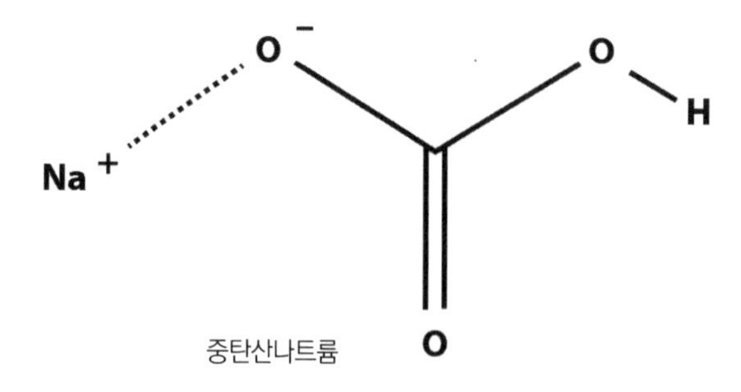

중탄산나트륨

중탄산나트륨은 탄산나트륨 용액에 이산화탄소 가스를 넣어 만든다. 우리가 사용되는 탄산나트륨은 일반적으로 잿물과 소다수로 만들지 않는다. 트로나(trona, 탄산나트륨과 중탄산나트륨의 혼합물)라는 광물을 채굴하거나, 복잡한 솔베이공정(Solvay process, 소금물, 암모니아 가스, 탄산칼슘으로 저렴한 다단계 과정을 거쳐 만든다)으로 만든다.

주방에서 베이킹소다는 알칼리성과 관련된 용도로 쓰지만, 세제와 치약에서 연마제로도 사용된다. 산과 반응해 이산화탄소를 방출하여 빵을 발효시키고, 위장의 산과 반응하여 속을 편하게 하고, 공기 중의 산 분자와 반응하여 냉장고를 신선하게 한다.

158℉(70℃)에서 중탄산나트륨은 탄산나트륨, 수증기, 이산화탄소 가스로 분해되어 매우 뜨거운 시럽에 넣어 크게 부풀어 오른 사탕을 만들 수 있다.

pH와 색상

많은 색상의 분자는 산과 염기에 반응하여 색상이 변한다. 화학자들은 용액의 산성 또는 염기성 정도를 이 색상 변화를 통해 파악한다. 리트머스 종이는 이러한 지시약 중의 하나이며, 사용 가능한 지시약도 많이 있다.

가장 일반적인 지표는 안토시아닌(anthocyanins, '꽃'과 '파란색'을 뜻하는 그리스어 어원에서 유래)라는 색소 그룹이다. 이 분자들은 산성 용액에서 붉은빛을 반사하고 염기성 용액에서 푸른빛을 반사한다. 우리가 보는 많은 색상의 과일, 잎, 꽃은 안토시아닌과 식물의 산 수준에 따라 색이 달라진다. 예를 들어 사과껍질과 체리의 붉은색, 적양배추잎과 가지 껍질의 붉은색 또는 보라색, 블루베리의 파란색, 적포도주의 붉은색, 자색 옥수수의 보라색, 팬지와 제비꽃의 파란색과 빨간색 등이 있다.

붉은 양배추를 물에 끓인 후, 식초를 넣으면 빨갛게 되고 소다를 넣으면 파랗게 변한다. 고등학교 화학 시간에 이 실험을 통해 이 변화를 확인한다. 적포도주나 포도주스를 담았던 유리잔을 씻을 때도 같은 효과를 볼 수 있다. 대부분의 수돗물은 중성 또는 약알칼리이므로 물을 첨가하고 산을 희석하거나 중화하면 적포도주가 파란색으로 변한다.

신맛

산성 식품은 설탕이 없으면 신맛이 난다. 레몬에이드는 산성인 과일 주스에 설탕을 넣어 만든다. 실제로 대부분의 레몬은 오렌지주스보다 강한 산성이 아니다. 오렌지는 레몬보다 천연당을 더 많이 함유하고 있다.

음식이 얼마나 달콤하냐에 따라 혀와 뇌가 우리에게 다른 정보를 전달하는 것을 알 수 있다. 단맛이 없는 산성은 먹기 쉽지 않다. 부패한 음식, 오염된 물, 우리가 먹으면 안 되는 것일 수도 있다.

그러나 과일은 달콤하고 신맛이 있다. 우리의 미각은 생존 메커니즘을 위해 이러한 상황에 적응되어 우리는 먹기 좋은 조합을 찾아낸다. 달콤한 음식에 우리가 필요한 에너지가 많이 들어 있는 반면 신맛은 생존 메커니즘과 크게 상관이 없다.

카멜레온알 레몬에이드

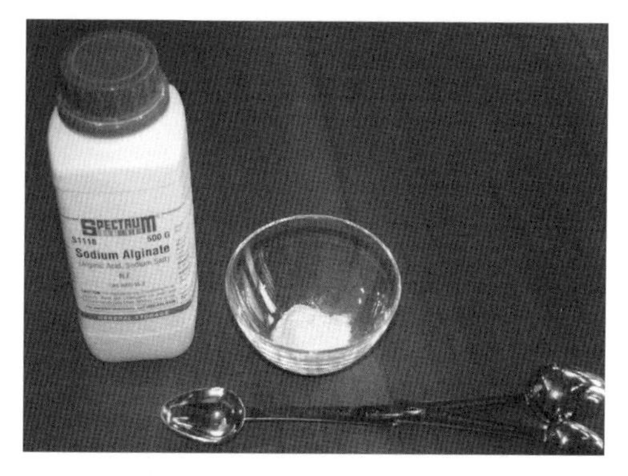

요즘 인기 있는 요리는 캐비어 또는 연어알처럼 보이는 젤 구슬을 만드는 기술이다. 알긴산나트륨(sodium alginate)이라는 젤화제로 만든다. 이 화합물은 다시마에서 추출한 것으로 물에 넣으면 진한 시럽이 된다. 이 시럽에 칼슘 이온을 첨가하면 나트륨을 교환하여 강력한 젤이 형성된다. 스포이드나 피펫으로 시럽을 한 번에 한 방울씩 칼슘염 용액에 떨어뜨리면 생선알이나 개구리알처럼 보이는 멋진 작은 젤 구슬이 완성된다.

한 단계 더 나아가 레몬에이드에 섞으면 작은 구슬의 색이 파란색에서 빨간색으로 천천히 변하게 된다. 적포도 껍질의 안토시아닌 색소를 pH 지표로 사용하면 된다. 달걀을 중성에서 약알칼리성 pH에서 시작하고 레몬에이드의 산이 안토시아닌 파란색에서 빨간색으로 변할 때까지 산도를 높이도록 한다.

알긴산나트륨 2온스 병은 식품점에서 4달러에 구입할 수 있으며, 여기 소개한 레시피에 필요한 양의 6배다. 또는 인터넷에서 파운드당 약 40달러에 구입하면 오래 두고 사용할 수 있다. 알긴산나트륨을 사용할 때 1큰술 계량스푼을 사용한다. 1큰술은 약 9g($\frac{1}{3}$온스)이다.

재료

- 알긴산나트륨 : 1큰술
- 설탕 : 1큰술
- 베이킹소다 : 1~2작은술
- 포도 농축액 : 1병(10~16 액량 온스)
- 염화칼슘: 1작은술
- 제산제(수산화마그네슘)와 잘게 다진 여분의 칼슘 또는 제산제

조리도구

- 병
- 스푼
- 12~16온스(340~453g) 크기의 유리컵
- 스포이드 또는 피펫
- 구멍 뚫린 스푼 또는 체

포도주스가 냉동상태이면 액체가 될 때까지 완전히 해동한다. 주스에 산이 추가로 첨가되었는지 확인한다. 만약 농축액을 구하기 어렵다면 일반 포도주스를 사용해도 된다. 카멜레온 알을 만드는 데는 전혀 문제없지만, 농축액처럼 입에서 터지는 진한 맛은 덜할 것이다.
알긴산나트륨과 설탕을 함께 섞으면 알긴산나트륨을 좀 더 쉽게 녹일 수 있다. 알지네이트는 물에 닿으면 바로 젤로 변하여 뭉쳐서 덩어리들이 생기기 때문에 많이 저어서 풀어 준다. 설탕은 액체가 분말과 잘 섞일 수 있도록 돕는다.
이제 베이킹소다의 맛은 나지 않게 하면서 포도주스의 산을 중화할 차례다. 알지네이트는 산성 액체에서 용해되지 않는다. 포도주스가 중성 pH일 때처럼 아주 파란빛을 띠기를 원한다면 포도주스 ⅛작은술에 베이킹소다를 넣는다. 거품이 사라질 때까지 젓다가 두 번째 포도주스 ⅛작은술을 넣는다. 베이킹소다에서 거품이 나오지 않으면 주스를 더 이상 첨가하지 않아도 된다. 거품이 사라지려면 시간이 걸리니 인내심을 가지고 기다려야 한다. 베이킹소다 대신 제산제를 사용하면 알지네이트를 바로 굳힐 수 있다.

알긴산나트륨 분말과 설탕을 병에 넣고, 포도주스 농축액을 붓고 젓는다. 스푼으로 덩어리를 어느 정도 풀고, 뚜껑을 덮고 병을 흔든다. 내용물이 섞이도록 한두 시간 동안 병을 그대로 둔다. 하룻밤 동안 두면 더 좋으므로, 이벤트 전날 미리 해두면 좋다.

모든 분말이 녹아 진한 시럽처럼 되면, 염화칼슘과 제산제 가루를 물(12~16온스, 340~453g)에 녹인다. 잘 저어주고, 다음 단계를 위해 소용돌이치도록 둔다.

스포이드 또는 피펫을 사용하여 포도시럽을 빨아들이고 제산제 용액에 한 방울 떨어뜨린다. 스포이드가 용액에 닿으면 스포이드 입구가 젤로 막히게 되니, 용액에 닿지 않도록 주의한다.
포도주스 방울은 제산제 용액에서 구 모양을 형성하며 빨간색 또는 자주색일 것이다. 파란색으로 변할 때까지 그대로 둔다. 구멍 뚫린 스푼으로 떠내거나 체에 걸러 건져낸다.

레몬라임 소다에 넣어도 같은 효과가 있다. 더 잘 보일 뿐 아니라 탄산 거품에 카멜레온알이 붙어서 위로 올라가서 거품이 터지면서 다시 아래로 떨어져 위아래로 움직이는 모습을 볼 수 있다.

카멜레온알은 병에 담아 냉장고에 넣어두면 오래 보관할 수 있다.

색 변화 없이 더 빠르게 만들려면, 알긴산을 딸기시럽에 섞은 후, 염화칼슘 용액에 한 방울씩 떨어뜨려 딸기시럽 맛 핑크 알을 만들 수 있다. 스푼에 담거나 크래커에 크림치즈 위에 흩뿌려도 좋다.

13

산화와 환원

Ocidation and Reduction

산과 염기에서 양성자(수소 이온)는 분자 간에 이동할 수 있다. 이 양성자는 양전하를 띤 원자구성입자다. 가장 친숙한 음전하 원자구성입자는 전자다. 분자 간의 전자 이동 과정을 산화라 한다.

어떤 것은 전자를 잃으면 산화되고 얻으면 환원되었다고 한다. 전자를 얻는 것을 '감소'로 간주하는 것이 거꾸로 된 것 같지만, 화학 역사를 살펴보면 이해가 된다. 벤자민 프랭클린(Benjamin Franklin)은 전자가 발견되기 전에 양전하와 음전하의 이름을 지었다. 전자는 음전하를 띠기 때문에 전자를 얻으면 음수를 더하는 것과 같으므로 산화수가 작아진다.

양성자 공여체를 산이라고 부르기 때문에 전자 공여체는 환원체다. 전자 수용체는 산화제다(간단해 보이는 산화는 주방에서 더 자세히 다룰 수 있는 내용이지만, 더 깊게 들어가면 더 복잡해질 수 있다).

양초가 타면서 공기 중의 산소가 산화제로 작용해 탄소로부터 전자와 양초 왁스에 있는 수소를 빼앗는다. 그 결과, 탄소가 연소되어 이산화탄소가, 수소가 연소되어 물이 생성된다. 가스레인지로 요리할 때 이 내용 이상으로 알 필요 없다. 그러나 주방에서 일어나는 대부분의 산화는 훨씬 느리게 진행된다. 철의 녹, 사과의 갈변, 기름과 지방의 부패, 포도주가 식초로의 변화 등이 있다. 우리는 또한 산소를 들이마시고 이산화탄소와 수증기를 내쉰다.

사과, 아보카도, 레몬주스

식물은 폴리페놀 옥시데이스(polyphenol oxidase)라는 효소를 생산한다. 옥시데이스는 물체를 산화시키는 효소를 뜻하며, 여기에서 산화의 대상은 폴리페놀이다.

폴리페놀은 이름으로 분류되지 않는다. 바닐린(Vanillin)과 타닌, 안토시아닌은 폴리페놀이다. 와인(레스베라트롤, resveratrol)과 녹차(EGCG 또는 에피갈로카테킨 갈레이트(epigallocatechin gallate))에 포함된 폴리페놀은 건강기능전문점에서 판매된다. 폴리페놀은 유해한 산화제와 쉽게 결합하기 때문에 항산화제의 화합물의 일부다. 건강상의 이점은 아마도 다른 생물학적 활동과 관련이 있지만, 항상화제의 섭취가 인체 내에서 항산화제로써 작용하는 것에 대해서는 명확치 않다.

사과에는 무색의 폴리페놀과 폴리페놀 옥시데이스가 함유되어 있다. 이 두 분자는 보통 분리되어 있으나, 사과를 자르면 세포벽이 무너지면서 두 분자가 섞여 반응한다.

효소가 폴리페놀과 공기 중의 산소와 결합하면서 퀴논(quinone)이 생성되고 결합(중합)되어 멜라닌(melanin)이란 어두운 색의 분자를 만든다. 사과의 함유된 폴리페놀 중의 하나는 클로로겐산(chlorogenic acid)이다.

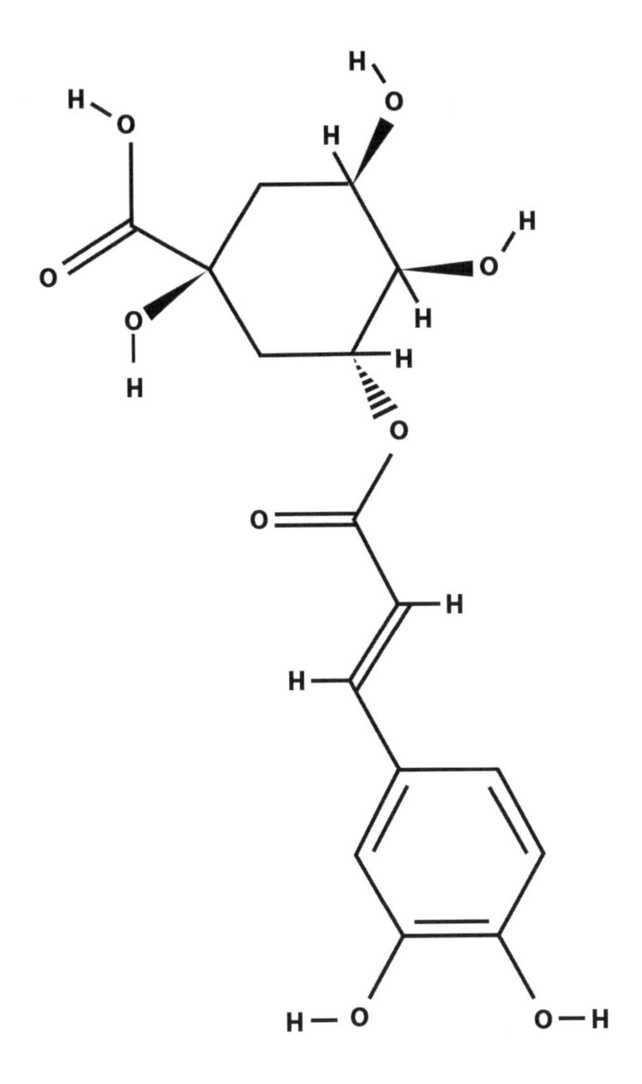

페놀 부분은 아래쪽의 육각형으로 두 개의 히드록실기가 붙어 있다. 폴리페놀 옥시데이스는 수소를 제거하여 퀴논 분자를 만든다. 이러한 반응은 결국 퀴논을 멜라닌으로 전환한다.

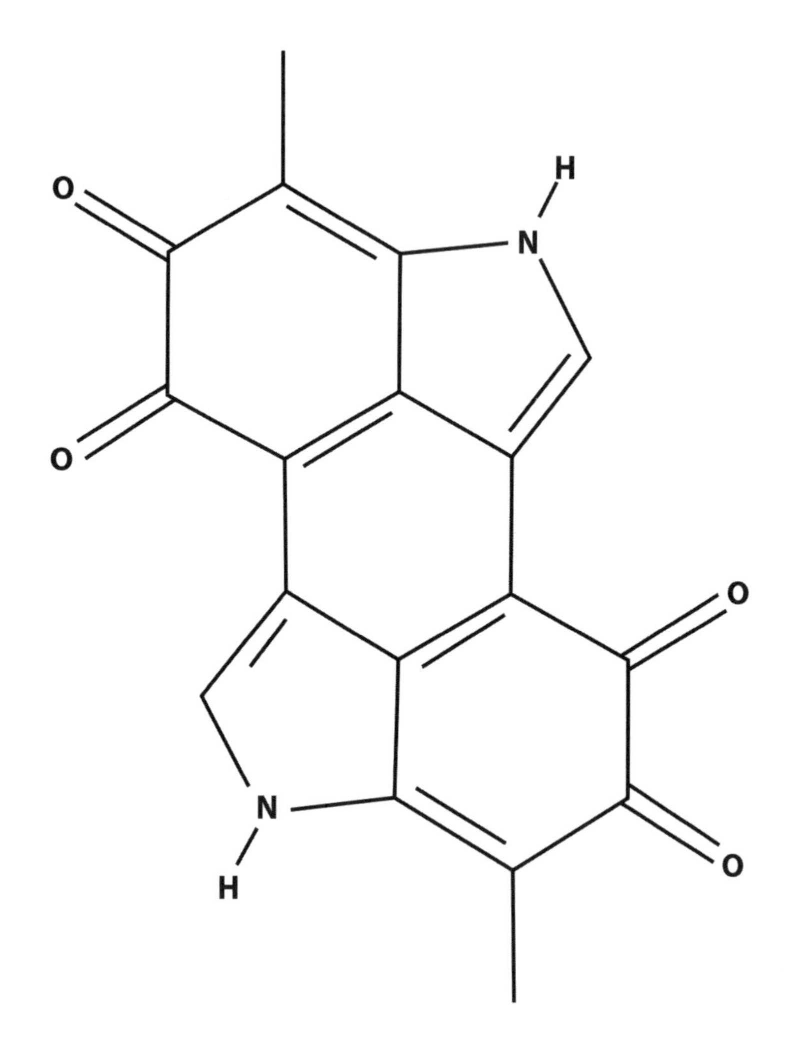

멜라닌은 갈색빛 머리카락의 갈색, 붉은 머리의 붉은 색, 선탠과 주근깨의 갈색을 담당하고 있는 분자다. 오징어와 문어의 먹물에서도 발견되고, 자른 사과 표면의 갈변과 외부 충격으로 생긴 사과 내부의 갈색 부분에도 있다.

이러한 복잡한 화학 반응을 방해하여 과일의 갈변을 방지하는 여러 가지 방법이 있다. 효소는 단백질이기 때문에 가열하면 단백질 변성으로 그 기능을 잃는다. 예를 들어 과일을 끓는 물에 데치면 갈변을 방지할 수 있다.

폴리페놀 옥시데이스는 일정 범위의 산도 내에서만 반응한다. 사과주스를 강산성 또는 강염기성으로 만들면 효소가 반응할 수 없다. 자른 면에 약간의 구연산을 뿌려주면 색이 변하지 않게 유지할 수 있다.

효소는 온도가 낮아지면 더 느리게 활동하거나 활동을 멈춘다. 냉장 또는 냉동하면 갈변이 느려지거나 멈춘다.

대부분의 효소와 마찬가지로 폴리페놀 옥시데이스도 활동을 위해 물이 필요하다. 건조는 갈변을 방지하나, 시간이 오래 걸리고 갈변 반응이 빠르게 일어나기 때문에 추가 작업이 필요하다. 공기 중의 산소가 과일의 자른 면에 들어가는 것을 방지하기 위해 사과 슬라이스를 동결 건조할 수도 있다.

엑스레이(방사선) 또는 전자빔으로 효소를 변성시킬 수 있다. 고압도 효소를 변성시킬 수 있다.

또는 폴리페놀보다 더 강력한 환원제를 사용하여 산소를 제거할 수 있다. 자른 과일에 아스코르브산(비타민C)을 뿌리면 산소와 결합하여 효소가 더 이상 사용될 수 없게 만든다. 동시에 주스를 더 산성으로 만드는 두 가지 효과가 있다. 물론 비타민을 추가하여 더 영양가 있는 주스는 덤이다.

또 다른 종류의 환원제는 황산염으로 햇볕에 말리기 전에 첨가된다.

와인 식초

식초는 와인이 공기와 접촉하면서 만들어진다. 와인의 에탄올은 아세트산으로 산화되고 산소는 탄소 원자의 중앙에 붙는다.

에탄올(위)가 아세트산(아래)으로 변화

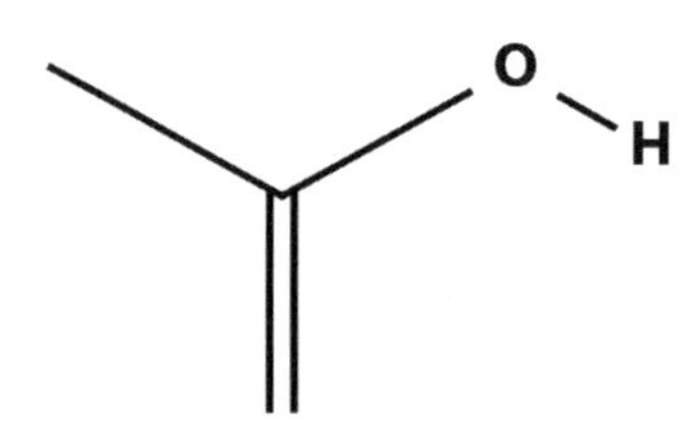

그러나 에탄올은 단순히 아세트산으로 '태우거나' 또는 '부식시키지' 않는다. 이 변형은 효소로 인해 일어나며 효소는 박테리아인 아세토박터 아세티(Acetobacter aceti)에 의해 생성된다.

다른 유기체들과 마찬가지로 박테리아가 좋아하는 환경이 있다. 온도 약 80~85℉ (27~29°C), 알코올 농도는 15% 이하로 최적은 9~12%다. 와인의 알코올이 생성한 효모와 다르게 산소가 필요하다.

박테리아가 자라면서 와인의 바닥에 셀룰로오스 및 기타 다당류로 이뤄진 층을 형성한다. 와인에 첨가하면 식초를 만들 수 있는 박테리아 배양이 가능하여, 이 층을 '식초의 어머니'라 부른다.

식초는 발효된 알코올 음료로 만들어진다. 예를 들면, 맥아 식초는 에일이나 맥주로 만든다. 과일 식초, 쌀 식초, 꿀 식초, 사탕수수 식초는 전 세계적으로 인기 있다.

기름과 지방의 산화

기름과 지방은 유익하게 가끔은 유해하게 산소와 반응한다. 식용유가 산소와 반응하면 맛이 나쁜 화합물을 형성하여 산패될 수 있다. 기름과 산소가 반응하여 단단한 불용성 막으로 중합되면 목재 제품의 페인트 또는 코팅용으로 사용될 수 있다.

화학시간 : 산소의 분자 결합

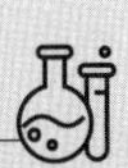

산소 원자는 전자껍질에 6개의 전자를 가지고 있지만, 껍질에 최대 8개의 전자가 들어갈 수 있다. 분자를 형성하기 위해 다른 원자에서 두 개의 전자를 빌리면 두 개의 개별 원자보다 낮은 에너지를 갖게 되어 강력한 공유 결합이 이뤄진다. 결합을 분리하려면 에너지를 다시 가해야 한다. 아래 그림에는 두 개의 산소 원자가 표시되어 있으며 두 개의 전자의 빈 자리는 회색으로 표시되었다.

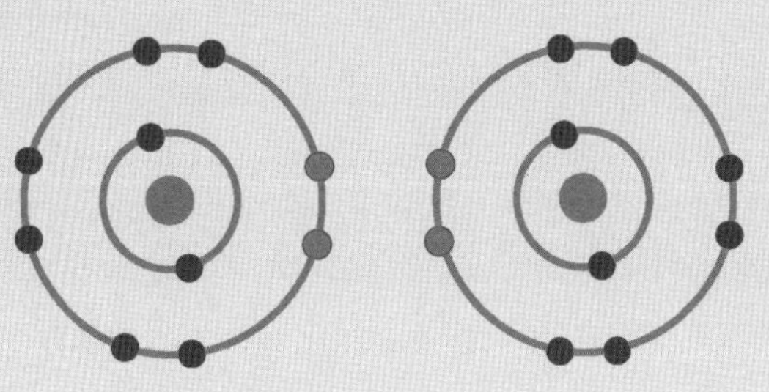

두 개의 산소 원자는 서로 두 개의 공유 결합을 형성한다. 이로 인해, 두 개의 산소 원자가 서로 맞물려, 전자 8개를 채운 전자껍질을 공유한다. 공유 전자는 외부 껍질의 빈 공간을 채워 두 원자를 함께 고정한다. 이를 이중 결합이라고 한다.

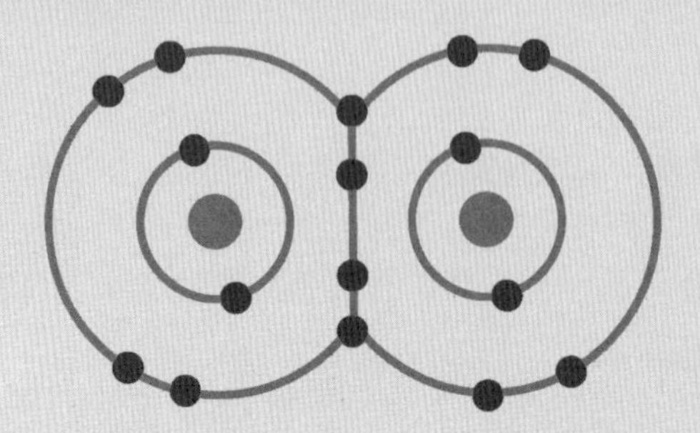

산소 분자는 또한 원자끼리 단일 결합도 할 수 있다. 단일 결합을 하게 되면 각 산소의 전자 한 개의 자리가 비워진다.

원자가 공간을 차지하는 규칙을 설명하는 파울리의 배타원리(Pauli Exclusion Principle)라는 양자 역학 규칙이 있다. 원자의 다른 궤도에 존재하는 전자의 수를 제한한다. 에너지가 낮은 궤도에 공간이 없으면 전자는 더 낮은 에너지로 이동할 수 없으며 높은 에너지 궤도에 머무른다. 두 개의 전자가 반대의 스핀을 가진 경우 동일한 궤도를 차지할 수 있다.

유리 라디칼(Free Radicals)

두 개의 산소 원자 사이에 단일 결합만 있을 때 각 산소 원자의 두 개의 홀전자는 반대 스핀의 전자와 짝을 이루지 않는다. 짝을 이루지 않은 전자는 라디칼(radical) 또는 유리 라디칼(free radical)이라 하며 큰 반응성을 가지고 있다. 다른 원자의 전자가 산소의 빈 전자 자리에 들어가 홀전자와 짝을 이뤄 결합(새로운 분자 생성)을 형성할 수 있기 때문이다.

단일 결합 산소 분자는 두 개의 짝을 이루지 않은 전자를 가지고 있기 때문에 2가 라디칼(diradical)이라고 한다.

산소 분자의 두 원자 사이의 이중 결합은 단일 결합과 두 개의 짝을 이루지 못한 전자로 분해된다. 다른 분자 간의 결합도 이런 방식으로 분해되어 라디칼을 형성한다. 두 원자의 단일 결합이 끊어져 나머지 각 부분이 짝을 이루지 않은 자유 전자를 가지게 되어 두 개의 라디칼을 형성한다. 다른 분자와 반응하여 이탈하거나 에너지를 방출하여 다시 재결합할 수 있다.

기름과 지방은 라디칼 연쇄반응에 의해 산화된다. 빛의 광자(photon)는 기름의 지방산에서 수소와 탄소의 단일 결합이 끊어지면서 반응하기 시작한다.

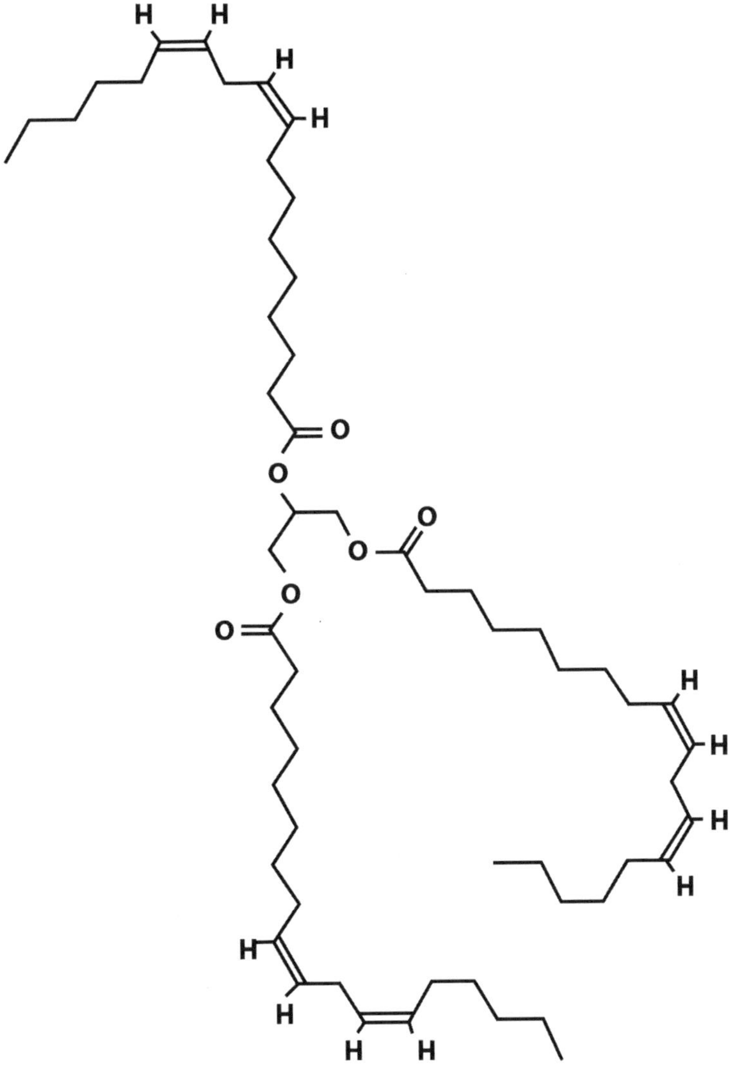

탄소가 짝을 잃은 전자를 갖는 라디칼을 생성한다.

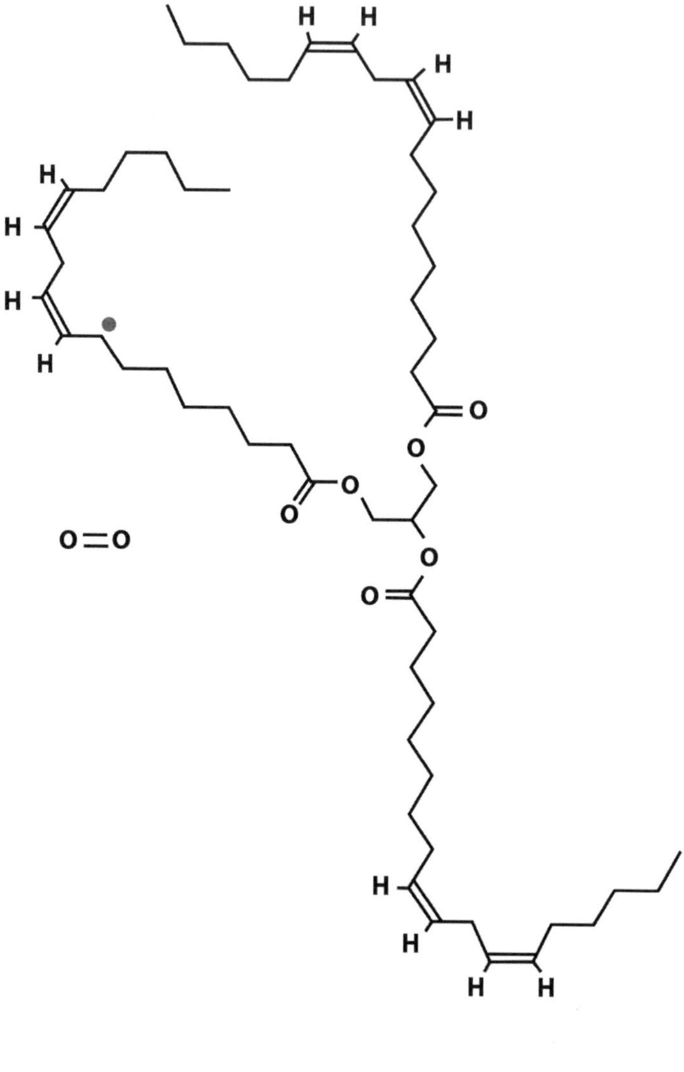

그럼 짝을 이루지 않은 전자는 산소 분자와 반응한다. 이로 인해 산소 이중 결합이 깨지고 수소가 붙어 있는 곳에 과산화물 라디칼을 남기고 짝을 잃은 전자와 결합한다.

과산화물 라디칼에 남아있는 짝을 이루지 않은 전자는 다른 리놀레닌 분자에서 수소를 빼앗아 다시 연쇄반응을 계속한다.

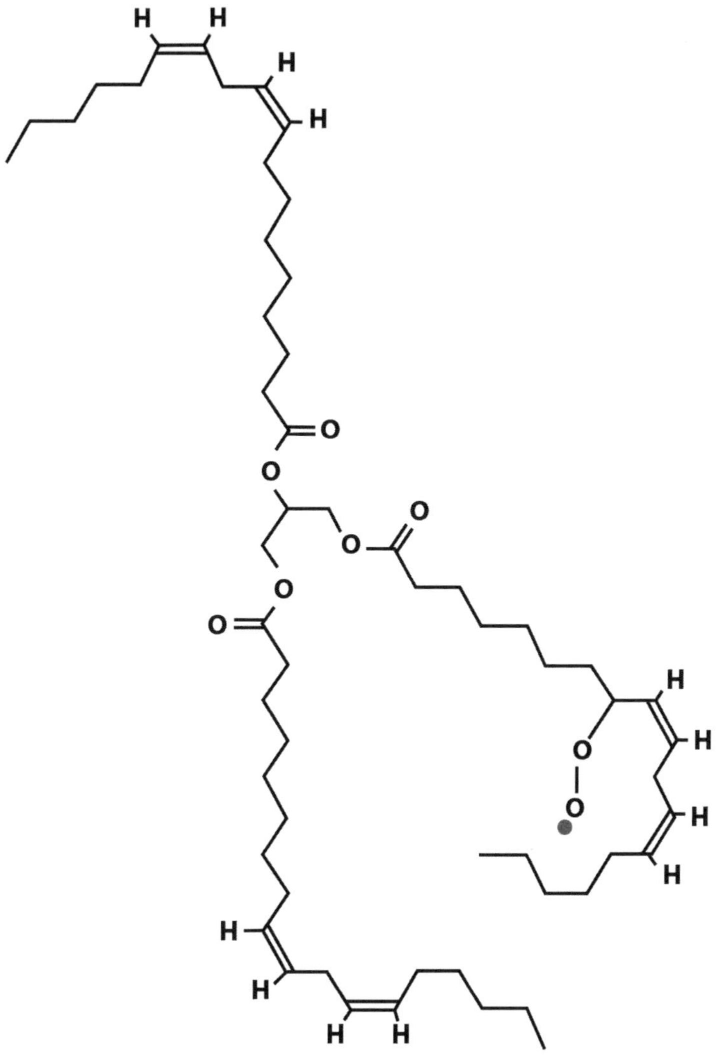

이 연쇄반응은 오랫동안 지속되어 많은 기름 분자가 산화되어 결국 산패된다. 라디칼이 해로운 이유 중 하나다.

결국 라디칼은 다른 라디칼과 만나 전자를 공유하여 짝을 이루고 반응성이 상실되어 연쇄반응이 더 이상 일어나지 않는다.

따라서 기름이 산패되는 것을 방지하려면 기름을 어두운 곳에 두어 빛의 광자가 라디칼을 생성하지 못해 연쇄반응이 시작되지 않도록 하거나, 기름을 냉장고에 차갑게 유지하여 반응을 늦출 수 있다. 또는 항산화제를 첨가하면 라디칼과 결합하여 반응을 멈추게 할 수 있다.

항산화제

일부 분자는 안정된 라디칼을 가지고 있다. 이들은 쉽게 반응하지 않는 분자의 틈에 자리 잡고 있거나 짝을 이루지 않은 전자를 안정화하고 덜 반응하게 만드는 결합 고리 옆에 있는 짝을 이루지 않은 전자이다. 이 분자들은 기름과 반응하는 라디칼과 짝을 이루어 연쇄반응을 멈출 수 있다.

항산화제에는 여러 분자가 있다. 예를 들면, 알파토코페롤(Alphatocopherol) 또는 비타민 E가 있다.

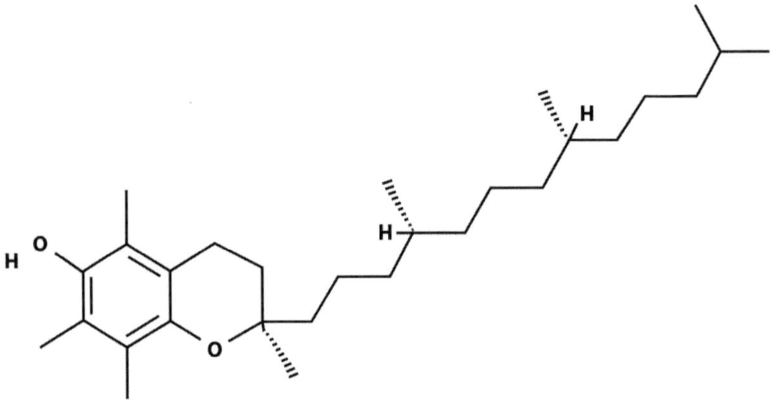

다른 예로는 뷰틸레이트하이드록시톨루엔(butylated hydroxytoluene) 또는 BHT이다.

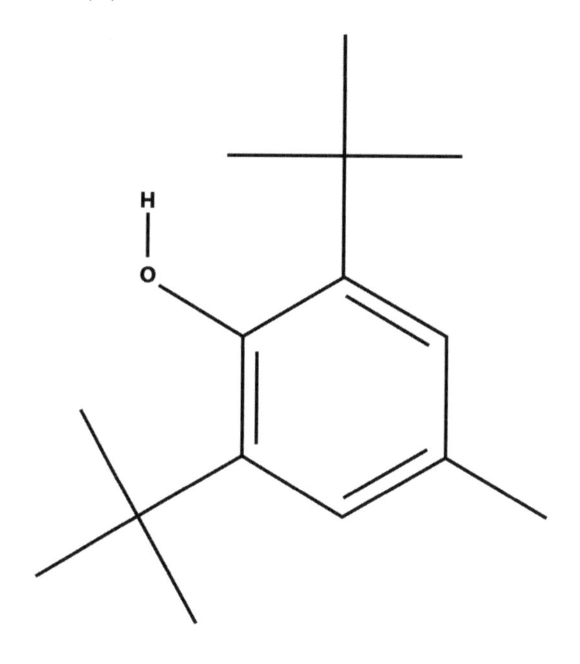

앞에서 결합 고리(이중 결합과 단일 결합이 교차로 있는 육각형 모양)가 있는 다른 분자를 살펴보았다. 안토시아닌은 좋은 항산화제이며, 사실 식물의 색은 대부분 항산화제 덕분에 생긴다.

14

가열, 냉동, 압력

Boiling, Freezing and Pressure

물의 끓는점을 낮추는 것은 매우 간단하다. 물을 누르는 공기의 압력을 낮추기만 하면 된다. 물 분자가 공기 중으로 쉽게 빠져나갈 수 있다. 실제로 압력을 어느 정도 낮추면 물을 상온에서 끓일 수 있다.

끓는점을 최대로 낮추면 식품을 동결 건조할 수 있다. 진공 상태에서 얼음 속의 물 분자가 끓어 음식이 건조해진다. 음식은 어느점 이상에서 건조되면 줄어들지 않는다. 얼음이 있었던 공간을 공기가 채워 바삭하고 가벼운 식감을 갖게 된다.

고도

모든 사람이 진공장치를 가지고 있지 않다(요즘 점점 저렴해지고 있기는 하지만). 그러나 산에 오르면 기압을 낮출 수 있다.

높은 고도에서 음식을 조리하는 것은 해수면에서 조리하는 것과 여러 가지로 다르다. 물이 보다 낮은 온도에서 끓기 때문에 물에 밥이나 달걀을 요리하는 데 시간이 좀 더 걸린다. 특히 발효 제품은 몇 가지 문제가 있다. 발효가 더 빨리 진행되어 발효 빵은 해수면에서 먹던 풍미가 되기 전에 부피가 두 배가 되어 버린다. 반죽을 두드린 후, 다시 발효를 하여 부피를 조절할 수 있다.

케이크도 너무 빨리 부풀어 오르기 때문에 기포가 터지면서 무너져 버린다. 달걀과 밀가루를 더 추가하여 반죽을 좀 더 단단하게 하고 높은 온도에서 짧은 시간 구워 익기 전에 폼이 터지지 않도록 조절할 수 있다.

높은 고도에서는 압력이 낮아 물이 더 빨리 증발하고 해수면보다 습도가 낮아 케이크는 좀 더 빠르게 건조된다. 이 부분을 보완하려면 물을 좀 더 추가하면 된다.

베이킹파우더 1작은술은 해수면에서와 같은 양의 가스를 만들지만 높은 고도에서는 더 큰 부피로 팽창하기 때문에 베이킹파우더의 양을 조절하면 좋다.

쇼트닝은 반죽의 글루텐 분자의 강도를 약하게 하므로, 쇼트닝의 양을 줄이면 기포를 유지할 수 있다. 설탕의 양을 살짝 줄이거나 설탕을 탈지분유로 대체해도 반죽의 강도를 높일 수 있다.

끓는점 올리기

물의 끓는점을 낮출 수 있듯이 물의 끓는점도 높일 수도 있다. 압력솥의 원리처럼 압력만 올리면 된다. 물이 끓어 수증기가 생성되지만, 압력솥의 안전밸브의 무게를 들어 올릴 수 있을 만큼의 압력이 생기기 전에는 수증기가 빠져나갈 수 있다.

물에 스스로 끓지 않는 것(비휘발성)을 녹여서 물의 끓는점을 높일 수 있다. 이를 물에 희석하여 물 표면에 노출되는 물 분자 수를 줄이면 증발하는 양이 적어진다. 이 효과를 증기압 감소라고 한다.

물질이 끓는점을 높이는 정도는 주어진 양의 물(용매)에 얼마나 많은 입자(용질)가 용해되었냐에 따라 다르다. 일부 화합물은 용해될 때 하나 이상의 입자로 분해된다. 소금은 나트륨 이온과 염소 이온으로 분해되므로 용액에 두 개의 입자가 있는 것이다. 설탕은 하나의 입자로 유지된다. 염화칼슘은 칼슘 이온과 두 개의 염소 이온으로 총 3개의 입자로 분해된다.

물 1쿼트에 소금 1작은술을 넣으면(또는 물 1리터에 소금 10g), 끓는점이 0.31℉(0.17℃) 상승한다. 미세하게 올라 요리할 때 느낄 수 있는 정도는 아니다. 느낄 수 있을 정도로 하려면 먹을 수 없을 정도의 소금을 넣어야 한다. 즉, 끓는 물에 소금을 넣어 온도를 높여 더 빨리 요리하는 것은 실제로 적용하기 어렵다.

앞에서 설명했듯이 설탕은 가열하면 물과 반응하여 더 큰 분자를 생성하고 물보다 낮은 온도에서 녹는다. 그래서 설탕은 훨씬 빠르게 끓는점을 올리며, 소금보다 좀 더 쉽게 끓는점이 올라가는 이유를 설명할 수 있다.

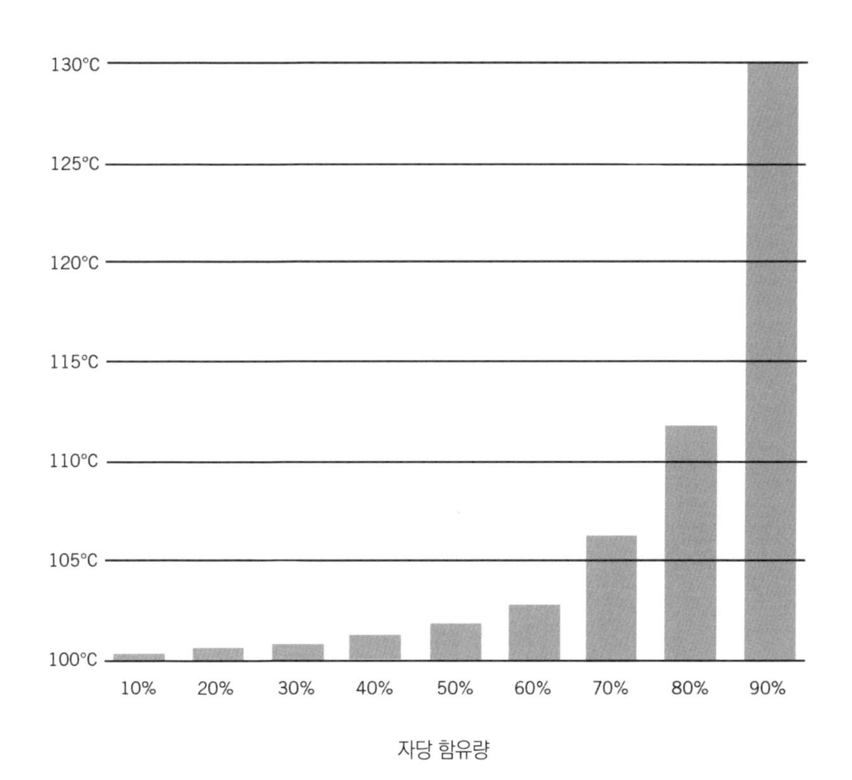

자당 함유량

물속의 자당 농도가 증가할수록 소금물과 달리 끓는점의 상승폭은 가파르게 올라간다. 설탕 분자 중 일부는 포도당과 과당 분자로 분해된다. 과당은 217℉(103℃)에서 녹아, 설탕 일부는 액체 상태의 포도당에서 녹기 시작해 물속에 녹아든다. 이렇게 상황이 빠르게 복잡해지며 끓는점이 변화한다.

압력솥

주방에서는 물의 끓는점을 편리한 온도계처럼 사용한다. 냄비에 물이 있으면 물의 끓는점 이상을 넘지 않으므로 조리시간만 고민하면 된다.

더 높은 끓는점을 선택한다 해도, 요리를 좀 더 빨리할 수 있고, 시간만 기록하면 된다. 압력솥으로 온도를 높여 조리할 수 있다.

압력솥은 냄비와 비교했을 때 몇 가지 장점이 있다. 더 높은 온도에서 조리하므로 조리시간을 단축할 수 있다. 압력솥으로 찌면(끓이는 대신), 비타민과 미네랄이 빛 또는 산소에 의해 손상되지 않고 유지된다. 냄비와 다르게 공기 대신 증기로 내부를 채우며, 뚜껑은 빛을 차단하여 휘발성 향기 분자가 공기 중으로 날아갈 수 없다.

일부 조리 효과는 온도 또는 장시간 동안의 온도 상승에 의한 것이다. 예를 들어, 온도에 의해 육류의 단단한 결합 조직을 부드럽게 하거나, 젤라틴으로 바꾸거나, 채소의 전분 입자를 불려 부드러운 젤을 만드는 물리적 효과가 나타난다. 냄비에 오랫동안 가열하면, 음식에서 화학 반응이 일어나 종종 영양분을 파괴하거나 나쁜 맛과 냄새를 생기게 된다. 압력솥으로 음식을 빨리 조리하면 음식의 맛과 영양을 잃지 않고 온도의 이점을 얻을 수 있다.

일부 화학적 변화는 우리가 좋아하는 맛을 만들어 낸다. 가장 대표적인 마이야르 반응이 있다. 압력솥에서 조리하기 전에 고기의 겉면을 익히면 두 가지 장점을 모두 얻을 수 있다.

압력솥의 또 다른 장점은 살균이다. 높은 열은 끓는 물보다 더 빠르게 미생물을 파괴한다. 통조림으로 식품을 보존할 때 압력솥에서 캔이나 병을 가열하면 훨씬 짧은 시간에 유해한 유기체를 없앨 수 있다.

통조림의 진공포장

주방에서도 저압을 사용할 수 있다. 음식을 병에 담아 요리하면 물이 수증기로 변하여 공기를 대체한다. 뜨거울 때 뚜껑을 덮으면, 남아있는 수증기로 인해 내부의 공기를 밖으로 내보낸다. 병이 식으면서 수증기는 응집되어 물이 된다. 이로 인해, 수증기가 있던 내부는 진공 상태가 된다. 외부 공기의 압력은 변하지 않고 다시 되돌릴 내부 증기 압력이 없어져 외부 공기 압력이 금속 뚜껑을 용기 안쪽으로 밀어 넣는다.

뚜껑은 볼록한 모양이었다가 병 안쪽으로 오목한 모양으로 구부러진다. 뚜껑을 열면 공기가 들어가면서 뚜껑이 볼록한 모양으로 되돌아온다. 뚜껑을 열 때 나는 소리는 병 내부가 진공이었으며, 박테리아가 진공을 채우는 가스를 생성하지 않았다는 것을 나타낸다.

어는점 낮추기

물에 용질을 추가하면 끓는점이 높아지지만 같은 이유로 어는점도 낮아진다. 어는점은 얼음을 떠나는(녹는) 물 분자만큼 많은 물 분자들이 얼음에 붙는(동결) 온도다. 어는점보다 온도가 높으면 더 많은 물 분자가 얼음을 구성하는 것보다 얼음에서 빠져나가 고이게 된다. 어는점보다 낮으면 얼음에서 빠져나가는 것보다 더 많은 물 분자가 얼음에 붙어 있게 되어 얼음을 만들게 된다.

소금이나 설탕과 같은 용질을 추가하면 변화가 생긴다. 용질은 물 분자처럼 얼음에 붙지 않지만, 단지 얼음에 부딪히면서 붙어 있을 뿐이다. 얼음을 떠나는 물 분자는 방해하지 않는다. 결과적으로 얼음에 얼어붙는 분자보다 떠나는 분자가 더 많다. 균형을 회복하려면 떠나는 분자와 같은 수의 분자가 붙을 때까지 온도를 낮춰야 한다.

아이스크림 만들기

소금은 도로에서 얼음을 녹일 때 사용하지만 설탕과 다른 용질들도 사용 가능하다. 소금이 좀 더 저렴하기 때문에 제설작업용으로 사용된다. 온도가 -6℉(-21℃) 아래로 떨어지면, 소금은 더 이상 얼음을 녹이지 않는다. 그 이유는 물이 녹일 수 있는 소금보다 더 많은 소금을 녹여 포화 상태로 만들어야 하기 때문이다. 소금은 물에서 다시 결정화되면서 물, 얼음, 소금혼합물만 남길 것이다.

그러나 녹은 얼음은 도로를 덜 미끄럽게 만드는 것 외에 또 유용한 특성이 있다. 얼음 내의 물 분자를 서로 묶고 있는 결합을 끊으려면 에너지가 필요하다. 얼음을 실온의 물에 넣으면, 물속에서 빠르게 움직이는 분자의 에너지가 얼음을 형성하는 화학적 결합을 하는 데 사용된다. 더 많은 분자가 얼음을 형성하기보다 얼음을 떠나지만, 얼음을 떠나는 분자는 많은 에너지가 없어 느리게 움직이면서 물은 차가워질 것이다.

냉각 효과는 얼음과 물이 평형 온도에 도달할 때까지 지속된다. 순수한 물의 경우 32℉(0℃)이다. 그러나 소금이나 설탕을 추가하면 온도가 새로운 평형 온도로 떨어질 때까지 냉각 효과가 계속된다. 계속 추가하면 더 이상 녹지 않는 점에 도달하고 그 평형 온도는 -6℉(-21℃)에 이른다.

이렇게 얼음과 소금의 혼합물에 넣어 얼려져 아이스크림이 완성된다.

색인